小精灵无忧备考记
全国计算机等级考试
怎么了，小精灵？一副愁眉苦脸的样子。说来听听，看我能不能帮助你。
“考试何其难，复习没时间”，有谁能来帮帮我呀！
全国计算机等级考试
最近报考了计算机等级考试，本来信心十足，可是……
……我正要去上课呢，我带你去见考试通老师吧。
老师，您好！这是小精灵，她也报考了计算机等级考试，有些问题想向您请教。
小精灵，你好！学习中遇到问题是很正常的，你也跟电脑迷一起来上课吧。
老师，您好！
全国计算机等级考试培训
章前导读
本章学习效果自评
学习点拨
本章评估
学习中要抓住重点，掌握学习的技巧，把握知识脉络，你们要仔细阅读书中相应的栏目。

7
FUTURE未来教育
随着计算机的普及，学习计算机知识和技能的人越来越多，参加全国计算机等级考试的人也越来越多。很多参加全国计算机等级考试的考生都希望有针对等级考试的多媒体教学软件，但市场上可供选择的软件非常少。因此，我们特地根据计算机等级考试和考生学习的特点开发了这款多媒体教学软件，以帮助您更好地学习相关知识，从而通过考试。
多媒体课堂
全国计算机等级考试教程
NCRE
二级公共基础知识
在学习的过程中，你们还可以结合本书所配的多媒体教学光盘对某些知识点进行巩固。
Future
未来教育
8
全国计算机等级考试培训
到今天为止，所有的课程已讲完了，下面应该多做一些练习。最后，建议你们通过本软件对自己的学习效果进行自评。
可是现在有很多软件在使用的时候都比较麻烦，谁来教我们如何使用呢。
书上有光盘使用说明，而且还写得很详细，仔细阅读肯定能应用自如。
9
10
考试中心
教育
成就未来

新大纲

全国计算机等级考试

教程 二级 公共基础知识

全国计算机等级考试教材编写组
未来教育教学与研究中心 编著

人民邮电出版社
北京

图书在版编目（CIP）数据

全国计算机等级考试教程．二级公共基础知识／全国计算机等级考试教材编写组，未来教育教学与研究中心编著．—北京：人民邮电出版社，2009.1
ISBN 978-7-115-19057-4

Ⅰ．全… Ⅱ．①全…②未… Ⅲ．电子计算机－水平考试－教材 Ⅳ．TP3

中国版本图书馆CIP数据核字（2008）第174654号

内容提要

本书依据教育部考试中心最新发布的《全国计算机等级考试大纲》以及作者多年对等级考试的研究编写而成，旨在帮助考生（尤其是非计算机专业的初学者）学习相关内容，顺利通过考试。

全书共4章，主要内容包括：数据结构与算法（算法与数据结构的基本概念、线性表、栈、队列、树、查找技术、排序技术）、程序设计基础（程序设计方法与风格、结构化程序设计、面向对象程序设计）、软件工程基础（软件工程的基本概念、结构化分析方法、结构化设计方法、软件测试及程序调试）、数据库设计基础（数据库的基本概念、数据模型、关系代数、数据库的设计与管理）。

本书配套光盘中提供了多媒体课堂，以动画的方式讲解重点和难点，为考生营造一种轻松的学习环境。

本书可作为全国计算机等级考试二级培训教材和自学用书。

全国计算机等级考试教程——二级公共基础知识

◆ 编　　著　全国计算机等级考试教材编写组
　　　　　　未来教育教学与研究中心
　责任编辑　李　莎

◆ 人民邮电出版社出版发行　　北京市崇文区夕照寺街14号
　邮编　100061　　电子函件　315@ptpress.com.cn
　网址　http://www.ptpress.com.cn
　三河市海波印务有限公司印刷

◆ 开本：880×1092　1/16　　彩插：1
　印张：7.5　　2009年1月第1版
　字数：193千字　　2009年1月河北第1次印刷

ISBN 978-7-115-19057-4/TP

定价：19.00元（附光盘）

读者服务热线：(010)67132692　印装质量热线：(010)67129223
反盗版热线：(010)67171154

本书编委会

主　编：熊化武

委　员（排名不分先后）：

付红伟　任　威　李　琴　谷永生　张　涛

张　萍　张　琦　张　燕　张冬梅　张圣亮

侯　军　祝　萍　昝　超　郑慧芳　钱　勇

唐彦文　梁敏勇

丛书序

全国计算机等级考试由教育部考试中心主办，是国内影响最大、参加考试人数最多的计算机水平考试。它的根本目的在于以考促学，这决定了它的报考门槛较低，考生不受年龄、职业、学历等背景的限制，任何人均可根据自己学习和使用计算机的实际情况，选考不同级别的考试。

一、为什么编写本丛书

计算机等级考试的准备时间短，一般从报名到参加考试只有近 4 个月的时间，留给考生的复习时间有限，并且大多数考生是非计算机专业的学生或社会人员，基础比较薄弱，学习起来比较吃力。

通过对考试的研究和对数百名考生的调查分析，我们逐渐摸索出一些减少考生（尤其是初学者）学习困难的方法，以帮助考生提高学习效率和学习效果。因此我们编写了本套图书，将我们多年研究出的教学和学习方法贯穿全书，帮助考生巩固所学知识，顺利通过考试。

二、丛书特色

1．一学就会的教程

本套图书的知识体系都经过巧妙设计，力求将复杂问题简单化，将理论难点通俗化，让读者一看就懂，一学就会。

- 针对初学者和考生的学习特点和认知规律，精选内容，分散难点，降低台阶。
- 例题丰富，深入浅出地讲解和分析复杂的概念和理论，力求做到概念清晰、通俗易懂。
- 采用大量插图，并通过生活化的实例，将复杂的理论讲解得生动、易懂。
- 精心为考生设计学习方案，设置各种栏目引导和帮助考生学习。

2．衔接考试的教程

我们深入分析和研究历年考试真题，结合考试的命题规律选择内容，安排章节，坚持多考多讲、少考少讲、不考不讲的原则。在讲解各章节的内容之前，都详细介绍了考试的重点和难点，从而帮助考生安排学习计划，做到有的放矢。

3．书盘结合的教程

本丛书所配的光盘主要提供两部分内容：多媒体课堂、笔试与上机考试模拟系统。使用了本丛书的光盘，就等于把辅导老师请回了家。

多媒体课堂用动画演绎复杂的理论知识，用视频讲解各种操作方法，使学习变得轻松而高效。

在笔试与上机考试模拟系统中提供大量的练习题，其中上机考试模拟系统可真实模拟上机考试环境，帮助考生提前感受上机考试的全过程。

三、如何学习本丛书

1．如何学习每一章

每章都安排了章前导读、本章评估、学习点拨、本章学习流程图、知识点详解、复习题、学习效果自评表等固定板块。下面就详细介绍如何合理地利用这些资源。

章前导读

列出每章知识点，让考生明确学习内容，做到心中有数。

章前导读

通过本章，你可以学习到：

- 什么是算法?它包含哪些复杂度
- 什么是数据的逻辑结构和存储结构
- 栈和队列的定义是什么
- 二叉树的定义是什么？有哪些性质？二叉树是如何遍历的

学习点拨

提示每章内容的重点和难点，为考生介绍学习方法，使考生更有针对性地学习。

学习点拨

本章主要介绍算法、数据结构的基础知识。读者在学习的过程中要通过对相关概念的对比理解它们之间的区别和联系。

本章评估

通过分析数套历年笔试和上机考试的真题，总结出每章内容在考试中的重要程度、考核类型、所占分值，以及建议学习时间等重要参数，使考生可以更加合理地制订学习计划。

本章评估	
重 要 度	★★★★
知识类型	理论
考核类型	笔试

本章学习流程图

提炼重要知识点，详细点明各知识点之间的关系，同时指出对每一个知识点应掌握的程度：是了解，是熟记，还是掌握。

本章学习流程图

知识点详解

根据考试的需要，合理取舍，精选内容，结合巧妙设计的知识板块，使考生迅速把握重点，顺利通过考试。

1.1 算 法

1.1.1 什么是算法

学习效果自评

学完每章的知识后，考生可通过“课后总复习”对所学知识进行检验，还可以对照“学习效果自评”对自己的掌握情况进行检查。

学习效果自评

2．如何使用书中栏目

书中设计了4个小栏目，分别为“学习提示”、“请注意”、“请思考”和“网络课堂”。

（1）学习提示

学习提示是从对应模块提炼的重点内容，读者可以通过它明确本部分内容的学习重点和掌握程度。

（2）请注意

该栏目主要是提示读者在学习过程中容易忽视的问题，以引起大家的重视。

（3）请思考

介绍完一部分内容后，以这种形式给出一些问题让读者思考，使读者能做到举一反三。

（4）网络课堂

提供相关扩展知识的网址链接，读者可以通过它们学习更多的知识。

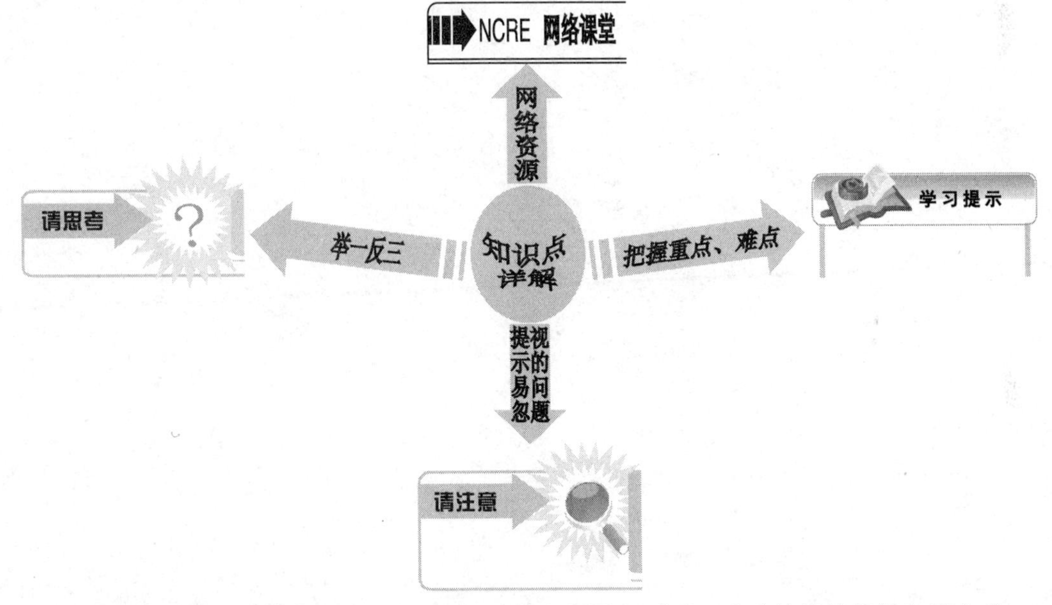

希望本书在备考过程中能够助您一臂之力，让您顺利通过考试，成为一名合格的计算机应用人才。

由于时间仓促，书中难免存在疏漏之处，恳请广大读者批评指正。编辑信箱为：lisha@ptpress.com.cn。

编　者

2008年11月

多媒体教学光盘使用说明

一、光盘内容

本软件提供多媒体课堂，读者安装本软件后即可使用。

二、光盘使用环境

硬件环境

主　　机	PentiumⅢ相当或以上
内　　存	128MB以上（含128MB）
显　　卡	SVGA彩显
硬盘空间	500MB以上（含500MB）

软件环境

操作系统	Windows 2000/XP/、Windows Server 2003
考核形式	选择题前10题，填空题前5题

三、光盘安装方法

步骤1：启动计算机，进入Windows操作系统。

步骤2：将光盘放入光驱，光盘会自动运行安装程序（也可以双击执行光盘根目录下的Autorun.exe文件），将本软件安装到本地硬盘。安装完毕后，会自动在桌面上生成名为“教程二级公共基础知识”的快捷方式。

四、光盘使用方法

1. 启动方法

双击计算机桌面上的“教程二级公共基础知识”快捷方式，弹出如图1所示的窗口。

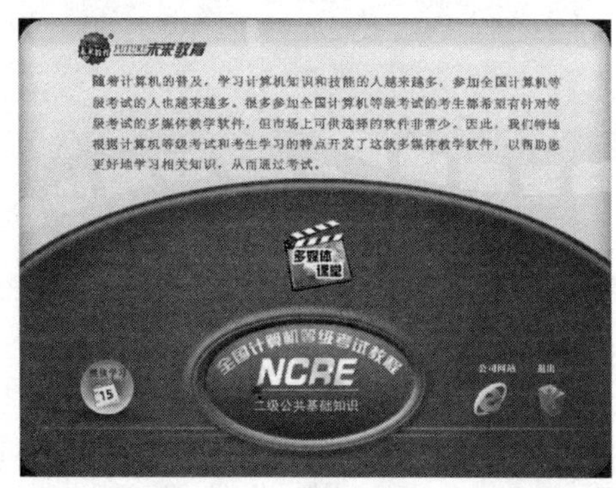

图1

2. “多媒体课堂”的使用方法

单击图1中的“多媒体课堂”按钮进入多媒体教学课堂，进行互动式学习，如图2所示。

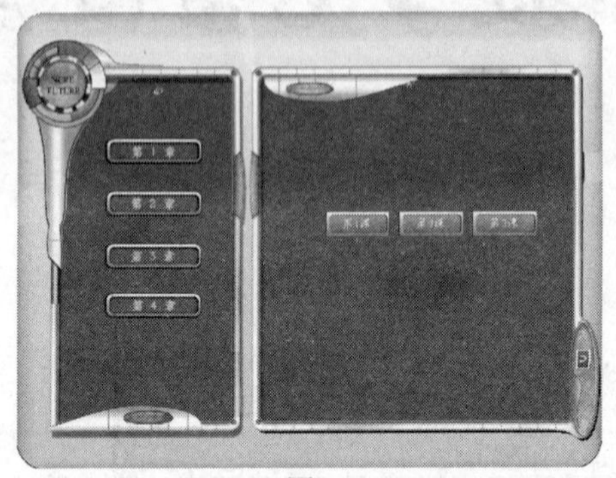

图2

在图2中，单击要学习的章的相应按钮，在界面的右边就会出现该章中对应的课程，然后单击相应课程的按钮即可进入动画学习界面，如图3和图4所示。

图3

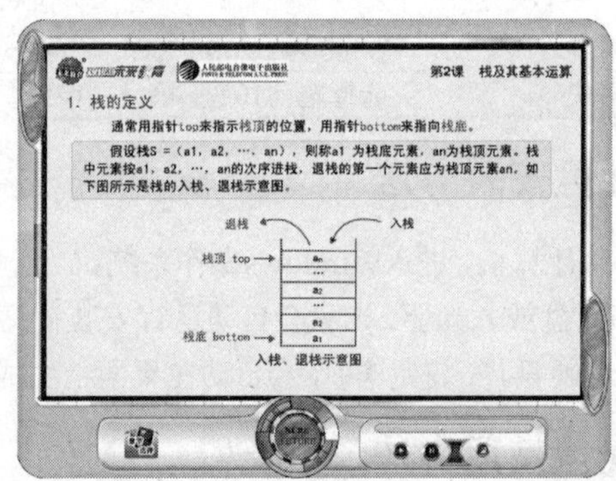

图4

目录

第1章 数据结构与算法

视频课堂

第1课	什么是数据结构 ● 数据的逻辑结构 ● 数据的存储结构	第2课	栈及其基本运算 ● 栈的定义 ● 栈的特点 ● 栈的基本运算
第3课	二叉树及其基本性质 ● 二叉树的定义 ● 满二叉树和完全二叉树 ● 二叉树的基本性质 ● 二叉树的遍历		

章前导读

通过本章，你可以学习到：

◎什么是算法?它包含哪些复杂度

◎什么是数据的逻辑结构和存储结构

◎栈和队列的定义是什么

◎二叉树的定义是什么？有哪些性质？二叉树是如何遍历的

本章评估		学习点拨
重 要 度	★★★★	本章主要介绍算法与数据结构的基础知识。读者在学习的过程中要通过对相关概念的对比理解它们之间的区别和联系。
知识类型	理论	
考核类型	笔试	
所占分值	约10分	
学习时间	10课时	

本章学习流程图

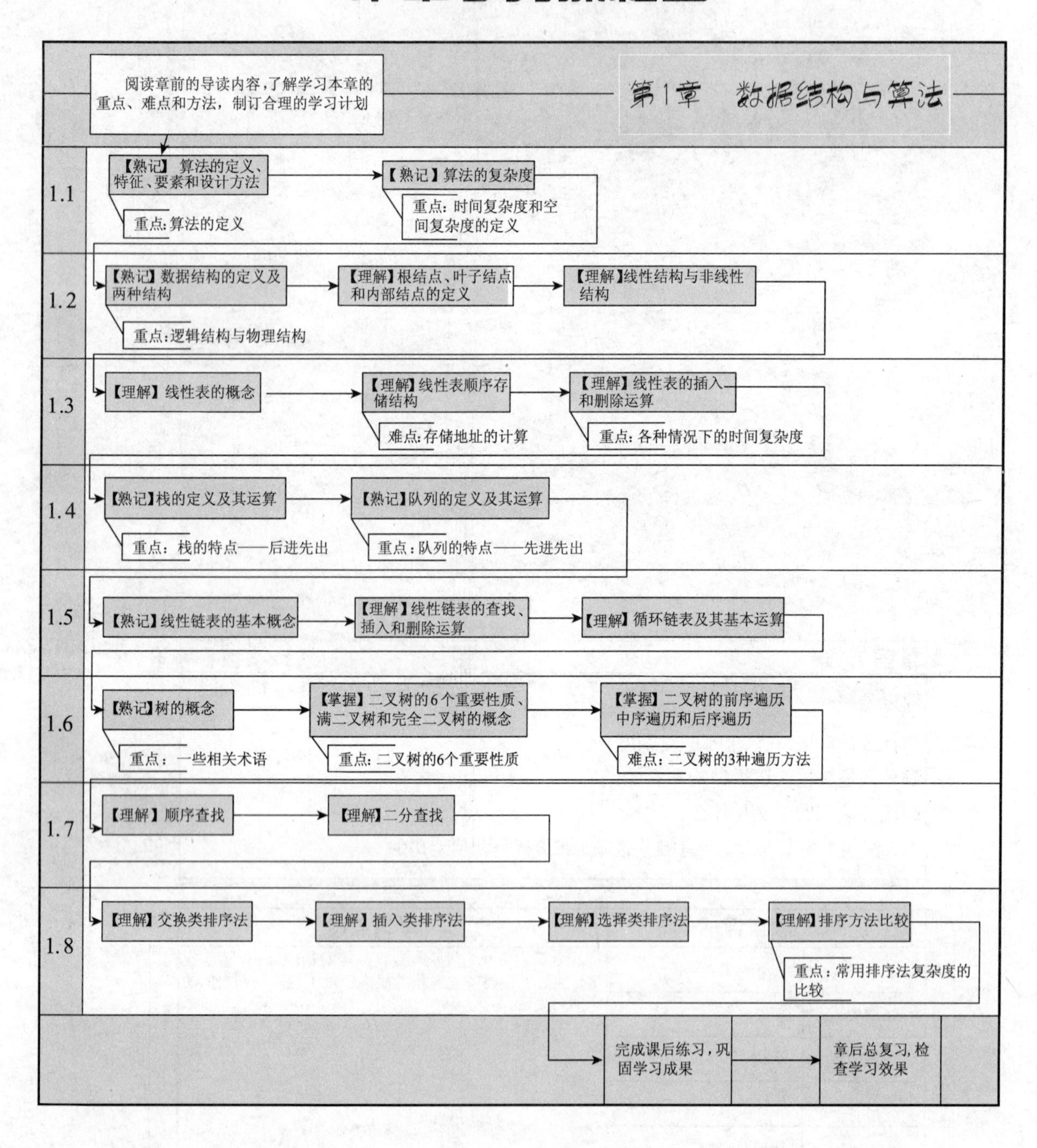
阅读章前的导读内容，了解学习本章的重点、难点和方法，制订合理的学习计划
第1章 数据结构与算法
1.1
【熟记】算法的定义、特征、要素和设计方法
重点：算法的定义
【熟记】算法的复杂度
重点：时间复杂度和空间复杂度的定义
1.2
【熟记】数据结构的定义及两种结构
重点：逻辑结构与物理结构
【理解】根结点、叶子结点和内部结点的定义
【理解】线性结构与非线性结构
1.3
【理解】线性表的概念
【理解】线性表顺序存储结构
难点：存储地址的计算
【理解】线性表的插入和删除运算
重点：各种情况下的时间复杂度
1.4
【熟记】栈的定义及其运算
重点：栈的特点——后进先出
【熟记】队列的定义及其运算
重点：队列的特点——先进先出
1.5
【熟记】线性链表的基本概念
【理解】线性链表的查找、插入和删除运算
【理解】循环链表及其基本运算
1.6
【熟记】树的概念
重点：一些相关术语
【掌握】二叉树的6个重要性质、满二叉树和完全二叉树的概念
重点：二叉树的6个重要性质
【掌握】二叉树的前序遍历中序遍历和后序遍历
难点：二叉树的3种遍历方法
1.7
【理解】顺序查找
【理解】二分查找
1.8
【理解】交换类排序法
【理解】插入类排序法
【理解】选择类排序法
【理解】排序方法比较
重点：常用排序法复杂度的比较
完成课后练习，巩固学习成果
章后总复习，检查学习效果

1.1 算　　法

本节从算法的基本概念展开，阐述算法的基本特征、基本要素、设计方法以及设计准则，进而详细讲解算法的时间复杂度和空间复杂。

1.1.1 什么是算法

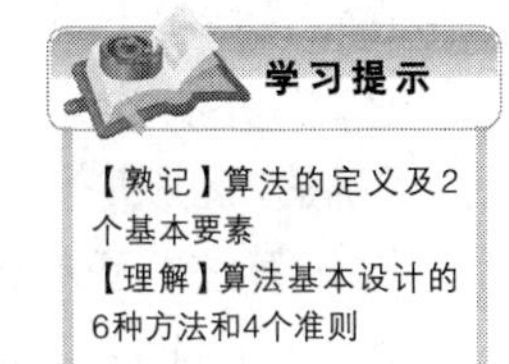

1. 算法的定义

有的学者认为，算法是程序的灵魂。实际上，对于算法的研究已经有数千年的历史了。计算机的出现，使得用机器自动解题的梦想成为现实，人们可以将算法编写成程序交给计算机执行，使许多原来认为不可能完成的算法变得实际可行。

算法	是指对解题方案的准确而完整的描述，简单地说，就是解决问题的操作步骤。

值得注意的是，算法不等于数学上的计算方法，也不等于程序。在用计算机解决实际问题时，往往先设计算法，用某种表达方式（如流程图）描述，然后再用具体的程序设计语言描述此算法（即编程）。在编程时由于要受到计算机系统运行环境的限制，因此，程序的编制通常不可能优于算法的设计。

2. 算法的基本特征

（1）可行性

算法在特定的执行环境中执行应当能够得出满意的结果，即必须有一个或多个输出。一个算法，即使在数学理论上是正确的，但如果在实际的计算工具上不能执行，则该算法也是不具有可行性的。

例如，在进行数值计算时，如果某计算工具具有7位有效数字（如程序设计语言中的单精度运算），则在计算下列3个量的和时，

$$A=10^{12},\ B=1,\ C=-10^{12}$$

如果采用不同的运算顺序，就会得到不同的结果，例如：

$$A+B+C=10^{12}+1+(-10^{12})=0$$

$$A+C+B=10^{12}+(-10^{12})+1=1$$

而在数学上，$A+B+C$与$A+C+B$是完全等价的。因此，算法与计算公式是有差别的。在设计一个算法时，必须考虑它的可行性。

（2）确定性

算法的确定性表现在对算法中每一步的描述都是明确的，没有多义性，只要输入相同，初始状态相同，则无论执行多少遍，所得的结果都应该相同。如果算法的某个步骤有多义性，则该算法将无法执行。

例如，在进行汉字读音辨认时，汉字“解”在“解放”中读作jie，但它作为姓氏时却读作xie，这就是多义性，如果算法中存在多义性，计算机将无法正确地执行。

（3）有穷性

算法中的操作步骤为有限个，且每个步骤都能在有限时间内完成。这包括合理的执行时间的含义，如果一个算法执行耗费的时间太长，即使最终得出了正确结果，也是没有意义的。

例如，数学中的无穷级数，当n趋向于无穷大时，求$2n \times n!$，显然，这是无终止的计算，这样的算法是没有意义的。

(4) 拥有足够的情报

一般来说，算法在拥有足够的输入信息和初始化信息时，才是有效的；当提供的情报不够时，算法可能无效。

例如，$A=3$，$B=5$，求$A+B+C$的值，显然由于对C没有进行初始化，无法计算出正确的答案，所以算法在拥有足够的输入信息和初始化信息时，才是有效的。

在特殊情况下，算法也可以没有输入。因此，一个算法有0个或多个输入。

总之，算法是一个动态的概念，是指一组严谨地定义运算顺序或操作步骤的规则，并且每一个规则都是有效的、明确的，此顺序将在有限的次数下终止。

3. 算法的基本要素

算法的功能取决于两方面因素：选用的操作和各个操作之间的顺序。因此，一个算法通常由两种基本要素组成：

- 对数据对象的运算和操作；
- 算法的控制结构，即运算或操作间的顺序。

(1) 算法中对数据对象的运算和操作

前面介绍了算法的一般定义和基本特征。实际上讨论的算法，主要是指计算机算法。在计算机上可以直接执行的基本操作通常都是用指令来描述的，每个指令代表一种或几种操作。

指令系统	一个计算机系统能执行的所有指令的集合，称为该计算机的指令系统。

指令系统是软件与硬件分界的一个主要标志，是软件与硬件之间相互沟通的桥梁。指令系统在计算机系统中的地位见图1-1。

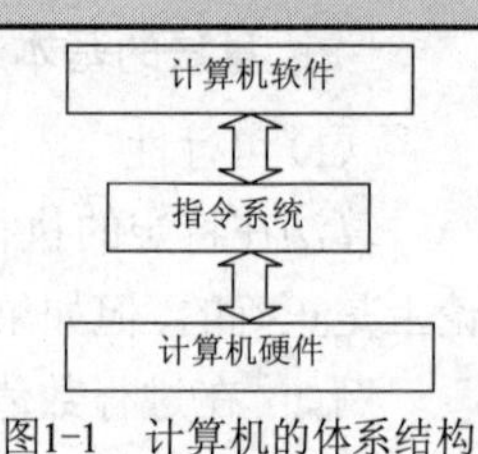

图1-1 计算机的体系结构

算法就是按解题要求从指令系统中选择合适的指令组成的指令序列。因此，计算机算法就是计算机能执行的操作所组成的指令序列。不同计算机系统，指令系统是有差异的，但一般的计算机系统中，都包括以下4类基本的运算和操作，如表1-1所示。

表1-1 4类基本的运算和操作

运算类型	操作	例子
算术运算	＋、－、×、÷	a＋b、3－1…
逻辑运算	与（&）、或（||）、非（!）	!1、1||0、1&1…
关系运算	>、<、=、≠	a>b、a=c、b≠c…
数据传输	赋值、输入、输出	a=0、b=3…

(2) 算法的控制结构

算法的控制结构是算法中各个操作之间的执行顺序。

算法一般是由顺序、选择（又称分支）和循环（又称重复）3种基本结构组合而成。

描述算法的工具有传统的流程图、N-S结构化流程图和算法描述语言等。

图1-2所示是用流程图方式表示的选择结构的两种类型。

图1-2(a)的执行步骤如下所述。

步骤1 X赋值为2。

步骤2 判断X的值是否小于3，条件成立。

步骤3 X的值减少2。

步骤4 输出X的值，最后结果为0。

图1-2(b)的执行步骤如下所述。

步骤1 X赋值为2。

步骤2 X的值增加2。

步骤3 判断X的值是否小于3，条件不成立。

步骤4 输出X的值，最后结果为4。

图1-2(a)执行的是先判断X的值是否小于3，如果条件成立则X的值减2，最终结果为0，而图1-2(b)先将X的值增加2，然后再判断X的值是否小于3，最终结果为4。

从中可以看出，选用的基本操作虽然相同，但由于存在执行顺序的差异，得到的结果却完全不同。

4. 算法基本设计方法

虽然设计算法是一件非常困难的工作，但是算法设计也不是无章可循的，人们经过实践，总结和积累了许多行之有效的方法。常用的几种算法设计方法有列举法、归纳法、递推法、递归法、减半递推技术和回溯法。

图1-2　算法的控制结构

1.1.2 算法复杂度

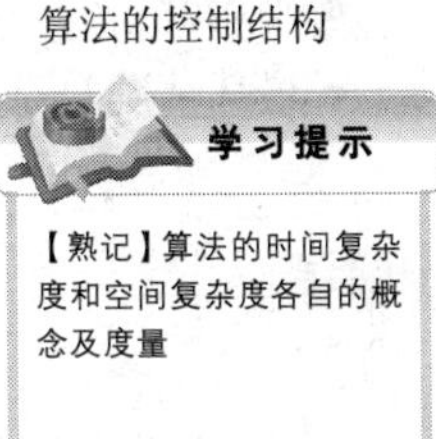

学习提示

【熟记】算法的时间复杂度和空间复杂度各自的概念及度量

一个算法的复杂度高低体现在运行该算法所需要的计算机资源的多少，所需的资源越多，就说明该算法的复杂度越高；反之，所需的资源越少，则该算法的复杂度越低。计算机的资源，最重要的是时间和空间（即存储器）资源。

因此，算法复杂度包括算法的时间复杂度和算法的空间复杂度。

1. 算法的时间复杂度

算法的时间复杂度	是指执行算法所需要的计算工作量。

值得注意的是：算法程序执行的具体时间和算法的时间复杂度并不是一致的。算法程序执行的具体时间受到所使用的计算机、程序设计语言以及算法实现过程中的许多细节所影响。而算法的时间复杂度与这些因素无关。

算法的计算工作量是用算法所执行的基本运算次数来度量的，而算法所执行的基本运算次数是问题规模（通常用整数n表示）的函数，即

$$算法的工作量=f(n)$$

其中n为问题的规模。

所谓问题的规模就是问题的计算量的大小。如1+2，这是规模比较小的问题，但1+2+3+…+10000，这就是规模比较大的问题。

例如，在下列3个程序段中：

① {x++;s=0}

② for (i=1;i<=n;i++)

```
    {x++;s+=x;}/*一个简单的for循环，循环体内操作执行了n次*/
③ for (i=1;i<=n;i++)
    for (j=1;j<=n;j++)
    {x++;s+=x;}/*嵌套的双层for循环，循环体内操作执行了n²次*/
```

①中，基本运算"x++"只执行一次。重复执行次数分别为1；

②中，由于有一个循环，所以基本运算"x++"执行了n次；

③中，嵌套的双层循环，所以基本运算"x++"执行了n^2次。

则这3个程序段的时间复杂度分别为$O(1)$、$O(n)$和$O(n^2)$。

在具体分析一个算法的工作量时，在同一个问题规模下，算法所执行的基本运算次数还可能与特定的输入有关。即输入不同时，算法所执行的基本运算次数不同。例如，使用简单插入排序算法（见本书1.8节），对输入序列进行从小到大排序。输入序列为：

a.1 2 3 4 5　　b.1 3 2 5 4　　c.5 4 3 2 1

我们不难看出，序列a所需的计算工作量最少，因为它已经是非递减顺序排列，而序列c将耗费的基本运算次数最多，因为它完全是递减顺序排列的。

在这种情况下，可以用以下两种方法来分析算法的工作量。

- 平均性态；
- 最坏情况复杂性。

请思考　？　算法的复杂度是以什么来度量的？

2. 算法的空间复杂度

算法的空间复杂度	是指执行这个算法所需要的内存空间。

算法执行期间所需的存储空间包括3个部分：

- 输入数据所占的存储空间；
- 程序本身所占的存储空间；
- 算法执行过程中所需要的额外空间。

其中，额外空间包括算法程序执行过程中的工作单元，以及某种数据结构所需要的附加存储空间。

如果额外空间量相对于问题规模（即输入数据所占的存储空间）来说是常数，即额外空间量不随问题规模的变化而变化，则称该算法是原地（in place）工作的。

为了降低算法的空间复杂度，主要应减少输入数据所占的存储空间以及额外空间，通常采用压缩存储技术。

1.2　数据结构的基本概念

在进行数据处理时，实际需要处理的数据一般有很多，而这些大量的数据都需要存放在计算机中，因此，大量的数据在计算机中如何组织，才能提高数据处理的效率，节省计算机的存储空间呢？

通过本节的学习，可以了解什么是数据结构，它们是如何用图形表示的，以及线性结构与非线性结构的区别。

1.2.1 什么是数据结构

学习提示

【熟记】数据结构研究的3方面内容、数据逻辑结构与物理结构的概念

数据结构研究的内容包括3个方面：

- 数据集合中各数据元素之间所固有的逻辑关系，即数据的逻辑结构；
- 在对数据进行处理时，各数据元素在计算机中的存储关系，即数据的存储结构；
- 对各种数据结构进行的运算。

其中，数据元素是一个含义很广泛的概念。它是数据的“基本单位”，在计算机中通常作为一个整体进行考虑和处理。在数据处理领域中，每一个需要处理的对象，甚至于客观事物的一切个体，都可以抽象成数据元素，简称为元素。

例如：

- 日常生活中一日三餐的名称——早餐、午餐、晚餐，可以作为一日三餐的数据元素；
- 在地理学中表示方向的方向名称——东、南、西、北，可以作为方向的数据元素；
- 在军队中表示军职的名称——连长、排长、班长、战士，可以作为军职的数据元素。

如果要给数据结构（Data Structure）下一个完整而准确的定义，那将是一件非常困难的事情。对数据结构的概念，在不同的书中，有不同的提法，顾名思义，所谓数据结构，包含两个要素，即“数据”和“结构”。

数据	是需要处理的数据元素的集合，一般来说，这些数据元素，具有某个共同的特征。

例如，东、南、西、北这4个数据元素都有一个共同的特征，它们都是地理方向名，分别表示二维地理空间中的4个方向，这4个数据元素构成了地理方向名的集合。

又例如，早餐、午餐、晚餐这3个数据元素也有一个共同的特征，即它们都是一日三餐的名称，从而构成了一日三餐名的集合。

结构	所谓“结构”，就是关系，是集合中各个数据元素之间存在的某种关系（或联系）。

“结构”是数据结构研究的重点。数据元素根据其之间的不同特性关系，通常可以分为以下4类：线性结构（图1-3(a)）、树形结构（图1-3(b)）、网状结构（图1-3(c)）和集合（图1-3(d)）。

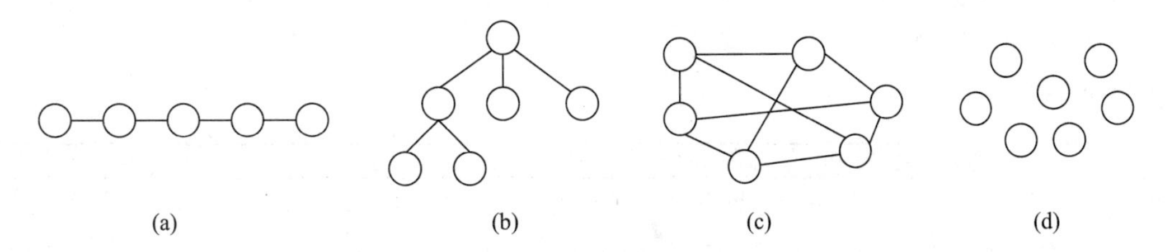

图1-3　4类基本结构

在数据处理领域中，通常把两两数据元素之间的关系用前后件关系（或直接前驱与直接后继关系）来描述。实际上，数据元素之间的任何关系都可以用前后件关系来描述。

例如，在考虑一日三餐的时间顺序关系时，“早餐”是“午餐”的前件（或直接前驱），而“午餐”是“早餐”的后件（或直接后继）；同样，“午餐”是“晚餐”的前件，“晚餐”是“午餐”的后件。

又例如，在考虑军队中的上下级关系时，“连长”是“排长”的前件，“排长”是“连长”的后件，“排长”是“班

长”的前件，“班长”是“排长”的后件，同样的，“班长”是“战士”的前件，“战士”是“班长”的后件。

前后件关系是数据元素之间最基本的关系。

综上所述，数据结构是指相互有关联的数据元素的集合。换句话说，如果各个数据元素之间是有关联的，我们就说，这个数据元素的集合是有“结构”的。

数据结构的两个要素——“数据”和“结构”是紧密联系在一起的，“数据”是有结构的数据，而不是无关联的，松散的数据；而“结构”，就是数据元素间的关系，是由数据的特性所决定的。

1. 数据的逻辑结构

前面提到“结构”这个词时，我们解释为关系。数据元素之间的关系，可以分为逻辑关系和在计算机中存储时产生的位置关系两种。相应的，数据结构分为数据的逻辑结构和数据的存储结构。

由数据结构的定义得知，一个数据结构应包含以下两方面的信息：

- 表示数据元素的信息；
- 表示各数据元素之间的前后件关系。

在此定义中，并没有考虑数据元素的存储，所以上述的数据结构实际上是数据的逻辑结构。

数据的逻辑结构	指反映数据元素之间逻辑关系（即前后件关系）的数据结构。

数据的逻辑结构的数学形式定义——数据结构是一个二元组：

$$B=(D, R)$$

其中，B表示数据结构，D是数据元素的集合，R是D上关系的集合，它反映了D中各数据元素之间的前后件关系，前后件关系也可以用一个二元组来表示。

例如，如果把一日三餐看作一个数据结构，则可表示成

$B=(D, R)$

D={早餐，午餐，晚餐}

R={（早餐，午餐），（午餐，晚餐）}

又例如，部队军职的数据结构，可表示成

$B=(D, R)$

D={连长，排长，班长，战士}

R={（连长，排长），（排长，班长），（班长，战士）}

2. 数据的存储结构

数据的存储结构	又称为数据的物理结构，是数据的逻辑结构在计算机存储空间中的存放方式。

由于数据元素在计算机存储空间中的位置关系可能与逻辑关系不同，因此，为了表示存储在计算机存储空间中的各数据之间的逻辑关系（即前后件关系），在数据的存储结构中，不仅要存放各数据元素的信息，还需要存入各数据元素之间的前后件关系的信息。

各数据元素在计算机存储空间中的位置关系与它们的逻辑关系不一定是相同的。

例如，在前面提到的一日三餐的数据结构中，“早餐”是“午餐”的前件，“午餐”是“早餐”的后件，但在对它们进行处理时，在计算机存储空间中，“早餐”这个数据元素的信息不一定被存储在“午餐”这个数据元素信息的前面，可能在后面，也可能不是紧邻在前面，而是中间被其他的信息所隔开。

下面介绍两种最主要的数据存储方式。

（1）顺序存储结构

这种存储方式主要用于线性的数据结构，它把逻辑上相邻的数据元素存储在物理上相邻的存储单元里，结点之间的关系由存储单元的邻接关系来体现。

例如，线性表（K_1，K_2，K_3，K_4，K_5），假定每个结点占一个存储单元，结点K_1存放在200号单元中，则顺序存储实现如图1-4(a)所示。从图中可以看到，逻辑上相邻的结点在物理存储中也互相邻接。如结点K_3逻辑上紧跟在结点K_2的后面，而在物理存储中K_3存放在单元202，也是紧跟在K_2的存放单元201后面。

200	K_1
201	K_2
202	K_3
203	K_4
204	K_5

(a) 顺序存储的线性表

（2）链式存储结构

链式存储结构就是在每个结点中至少包含一个指针域，用指针来体现数据元素之间逻辑上的联系。

例如，线性表（K_1，K_2，K_3，K_4，K_5）可以用链式存储，如图1-4(b)所示。从图中可以看到，结点之间的逻辑关系是通过指针来体现的。如结点K_3的存放单元并不紧跟在结点K_2的存放单元后面，但K_2中有一个指针指示K_3的存放地址。

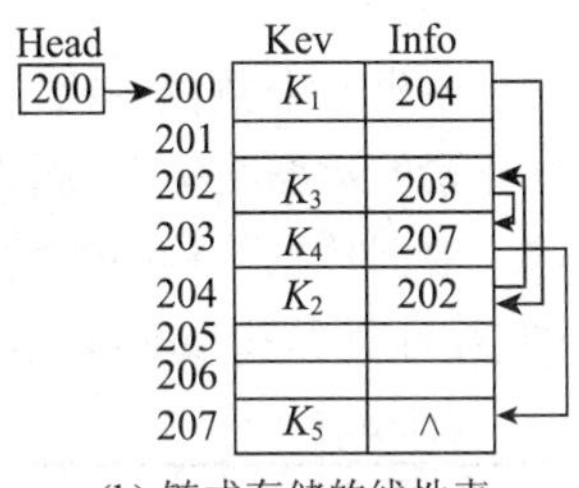

(b) 链式存储的线性表

图1-4

请思考 在哪一类存储结构中，数据的逻辑结构与物理结构相一致？

1.2.2 数据结构的图形表示

数据元素之间最基本的关系是前后件关系。前后件关系，即每一个二元组，都可以用图形来表示。用中间标有元素值的方框表示数据元素，一般称之为数据结点，简称为结点。对于每一个二元组，用一条有向线段从前件指向后件。

例如，一日三餐的数据结构可以用如图1-5(a)所示的图形来表示。

又例如，军职数据结构可以用如图1-5(b)所示的图形来表示。

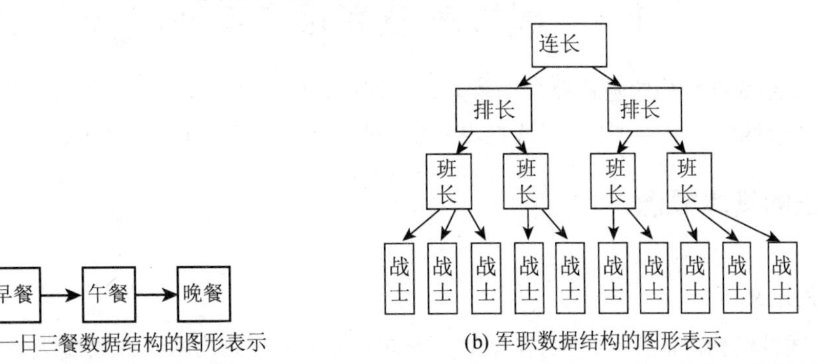

(a) 一日三餐数据结构的图形表示

(b) 军职数据结构的图形表示

图1-5

用图形表示数据结构具有直观易懂的特点，在不引起歧义的情况下，前件结点到后件结点连线上的箭头可以省去。例如，树形结构中，通常都是用无向线段来表示前后件关系的。

由前后件关系还可引出以下3个基本概念，见表1-2。

表1-2 结点基本概念

基本概念	含义	例子
根结点	数据结构中，没有前件的结点	在图1-5(a)中，“早餐”是根结点；在图1-5（b）中，“连长”是根结点
终端结点（或叶子结点）	没有后件的结点	在图1-5(a)中，“晚餐”是终端结点；在图1-5（b）中，“战士”是终端结点
内部结点	数据结构中，除了根结点和终端结点以外的结点，统称为内部结点	在图1-5(a)中，“午餐”是内部结点；在图1-5（b）中，“排长”和“班长”是内部结点

1.2.3 线性结构与非线性结构

学习提示

【理解】区分线性结构与非线性结构

如果一个数据结构中没有数据元素，则称该数据结构为空的数据结构。在只有一个数据元素的数据结构中，删除该数据元素，就得到一个空的数据结构。

根据数据结构中各数据元素之间前后件关系的复杂程度，一般将数据结构划分为两大类型：线性结构和非线性结构，见表1-3。

表1-3 线性结构与非线性结构

概念	含义	例子
线性结构	一个非空的数据结构如果满足以下两个条件： ● 有且只有一个根结点； ● 每一个结点最多有一个前件，也最多有一个后件	图1-5(a) 一日三餐数据结构
非线性结构	不满足以上两个条件的数据结构就称为非线性结构，非线性结构主要是指树形结构和网状结构	图1-5(b) 军职数据结构

注意：在线性结构插入或删除任何一个结点后还应是线性结构；线性结构和非线性结构在删除结构中的所有结点后，都会产生空的数据结构。

一个空的数据结构究竟是属于线性结构还是属于非线性结构，这要根据具体情况来确定。如果对该数据结构的算法是按线性结构的规则来处理的，则属于线性结构；否则属于非线性结构。

1.3 线性表及其顺序存储结构

在上一节中，介绍数据结构的基本概念以及数据的物理存储方式，那么数据在线性表中是如何存储的呢？通过本节的学习，可以了解线性表的基本概念、线性表的顺序存储结构以及如何在线性表中对数据的插入、删除运算。

1.3.1 线性表的基本概念

学习提示

【理解】线性表的概念

1. 线性表的定义

数据结构中，线性结构习惯称为线性表，线性表是最简单也是最常用的一种数据结构。

线性表	线性表是n（$n \geqslant 0$）个数据元素构成的有限序列，表中除第一个元素外的每一个元素，有且只有一个前件，除最后一个元素外，有且只有一个后件。

线性表要么是空表，要么可以表示为：

$$(a_1, a_2, \cdots, a_i, \cdots, a_n)$$

其中，a_i（i=1，2，…，n）是线性表的数据元素，也称为线性表的一个结点，同一线性表中的数据元素必定具有相同的特性，即属于同一数据对象。

每个数据元素的具体含义，在不同情况下各不相同，它可以是一个数或一个字符，也可以是一个具体事物，甚至其他更复杂的信息。

例如：

- 英文字母表（A，B，C，…，Z）是一个长度为26的线性表，其中每个字母字符就是一个数据元素；
- 地理学中的四向（东，南，西，北）是一个长度为4的线性表，其中的每一个方向名是一个数据元素；
- 矩阵也是一个线性表，只不过它是一个比较复杂的线性表。在矩阵中，既可以把每一行看成一个数据元素（即每一行向量为一个数据元素），也可以把每一列看成一个数据元素（即每一列向量为一个数据元素）。其中每一个数据元素（一个行向量或者列向量）实际上又是一个简单的线性表。

在复杂的线性表中，一个数据元素由若干数据项组成，此时，把数据元素称为记录（record），而由多个记录构成的线性表又称为文件（file）。

例如，一个按照姓名的拼音字母为序排列的通信录就是一个复杂的线性表，见表1-4，表中每个联系人的情况为一个记录，它由姓名、性别、电话号码、电子邮件和住址5个数据项组成。

表1-4 复杂线性表

姓名	性别	电话号码	电子邮件	住址
陈日科	男	134****2396	crk1689@163.com	广东省清远县
汤璐瑛	女	139****4995	luyingt@265.com	北京颐和园路1号
许曦	女	139****3070	xx1985@etang.com	湖北武汉珞珈山
张吉	男	138****1811	zhangj@tom.com	北京中关村6号楼
…	…	…	…	…

2. 非空线性表的特征

非空线性表具有以下一些结构特征：

- 只有一个根结点，即结点a_1，它无前件；
- 有且只有一个终端结点，即结点a_n，它无后件；
- 除根结点与终端结点外，其他所有结点有且只有一个前件，也有且只有一个后件。结点个数n称为线性表的长度，当n=0时，称为空表。

1.3.2 线性表的顺序存储结构

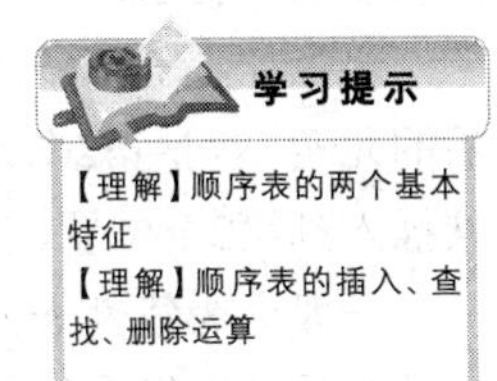

通常，线性表可以采用顺序存储和链接存储，本小节主要讨论顺序存储结构。

采用顺序存储是表示线性表最简单的方法，具体做法是：将线性表中的元素一个接一个地存储在一片相邻的存储区域中。这种顺序表示的线性表也称为顺序表。

顺序表具有以下两个基本特征：

- 线性表中所有元素所占的存储空间是连续的；
- 线性表中各数据元素在存储空间中是按逻辑顺序依次存放的。

在顺序表中，其前、后件两个元素在存储空间中是紧邻的，且前件元素一定存储在后件元素的前面。

如长度为n的线性表（a_1，a_2，…，a_i，…，a_n）的顺序存储如图1-6所示，在顺序表中，如果每个元素占有K个存储单元，则下标为i+1的元素的存储位置与下标为i的元素的存储位置之间，满足下列关系：

$$\mathrm{ADR}(a_{i+1}) = \mathrm{ADR}(a_i) + K$$

通常把顺序表中第1个数据元素的存储地址ADR（a_1），称为线性表的首地址，线性表中第i个元素a_i的存储地址为：

$$\mathrm{ADR}(a_i) = \mathrm{ADR}(a_1) + (i-1)K$$

例如，在顺序表中存储数据（14，23，25，78，15，68，27），每个数据元素占有2个存储单元，第1个数据元素14的存储地址是200，则第3个数据元素25的存储地址是：

$$\mathrm{ADR}(a_3) = \mathrm{ADR}(a_1) + (3-1) \times 2 = 200+4 = 204$$

从这种表示方法可以看到，它是用元素在计算机内物理位置上的相邻关系来表示元素之间逻辑上的相邻关系。只要确定了首地址，线性表内任意元素的地址都可以方便地计算出来。

存储地址	数据元素在线性表中的序号	内存状态	空间分配
	…	…	
ADR(a_1)	1	a_1	占K个字节
ADR(a_1)+K	2	a_2	占K个字节
…	…	…	…
ADR(a_1)+(i-1)K	i	a_i	占K个字节
…	…	…	…
ADR(a_1)+(n-1)K	n	a_n	占K个字节
…	…	…	

图1-6　线性表的顺序存储结构示意图

1.3.3　线性表的插入运算

学习提示
【应用】顺序表的插入运算
【了解】各种情况插入时的复杂度

线性表的插入运算是指在表的第i（$1 \leqslant i \leqslant n+1$）个位置上，插入一个新结点$x$，使长度为$n$的线性表变成长度为$n$+1的线性表。

在第i个元素之前插入一个新元素，完成插入操作主要有以下3个步骤。

步骤1 把原来第n个结点至第i个结点依次往后移一个元素位置。

步骤2 把新结点放在第i个位置上。

步骤3 修正线性表的结点个数。

例如，图1-7(a)表示一个存储空间为10，长度为7的线性表。为了在线性表的第6个元素（即56）之前插入一个值为27的数据元素，则需将第6个和第7个数据元素依次往后移动一个位置，空出第6个元素的位置，如图1-7(a)中箭头所示，然后将新元素27插入到第6个位置。插入一个新元素后，线性表的长度增加1，变为8，如图1-7(b)所示。

一般情况下，在第i（$1 \leqslant i \leqslant n$）个元素之前插入一个元素时，需将第$i$个元素之后（包括第$i$个元素）的所有元素向后移动一个位置。

再例如，在图1-7(b)的线性表的第2个元素之前，再插入一个值为35的新元素，采用同样的步骤：将第2个元素之后的元素（包括第2个元素），即第2个元素至第8个元素，共$n-i+1=8-2+1=7$个元素向后移动一个位置，然后将新元素插入到第2个位置，如图1-7(b)中箭头所示。插入后，线性表的长度增加1，变成9，如图1-7(c)所示。

一般会为线性表开辟一个大于线性表长度的存储空间，如图1-7(a)所示，线性表长度为7，存储空间为10。经过线性表的多次插入运算，可能出现存储空间已满，仍继续插入的错误运算，这类错误称之为“上溢”。

显然，如果插入运算在线性表的末尾进行，即在第n个元素之后插入新元素，则只要在表的末尾增加一个元素即可，不需要移动线性表中的元素。

如果要在第1个位置处插入一个新元素，则需要移动表中所有的元素。

在一般情况下，如果在第i（$1 \leqslant i \leqslant n$）个元素之前插入一个新元素，则原来第$i$个元素之后（包括第$i$个元素）的所有元素都必须移动。

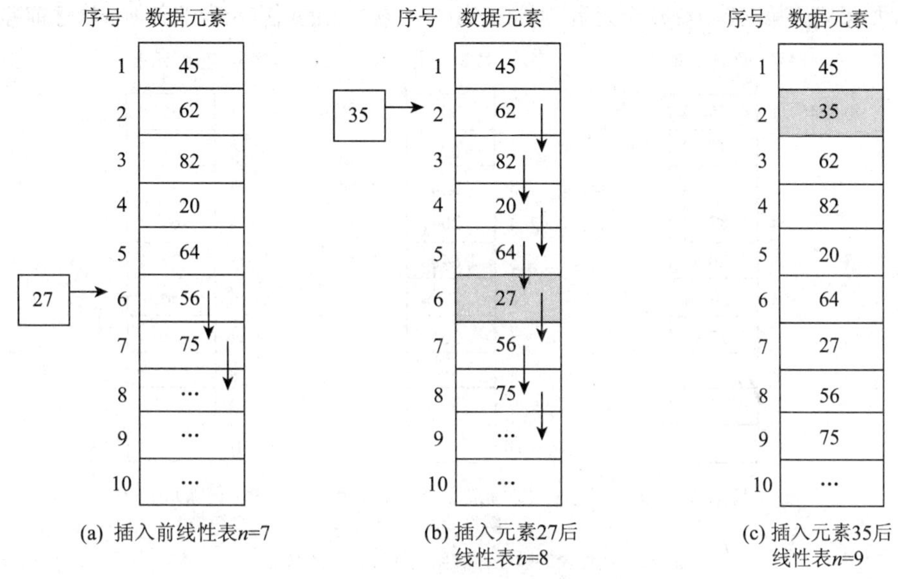

图1-7　线性表的顺序存储结构插入前后的状况

线性表的插入运算，其时间主要花费在结点的移动上，所需移动结点的次数不仅与表的长度有关，而且与插入的位置有关。

1.3.4　线性表的删除运算

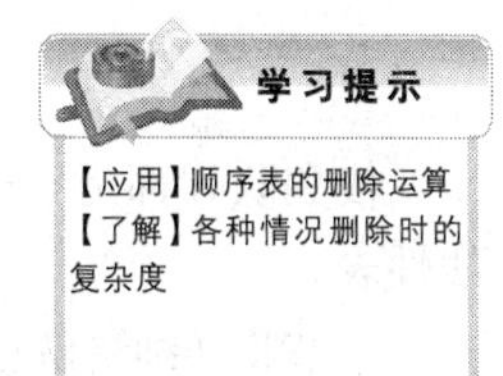

【应用】顺序表的删除运算
【了解】各种情况删除时的复杂度

线性表的删除运算，是指将表的第i（$1 \leqslant i \leqslant n$）个结点删除，使长度为$n$的线性表变成长度为$n-1$的线性表。

删除时应将第$i+1$个元素至第n个元素依次向前移一个元素位置，共移动了$n-i$个元素，完成删除主要有以下几个步骤。

步骤1 把第i个元素之后（不包含第i个元素）的$n-i$个元素依次前移一个位置。

步骤2 修正线性表的结点个数。

例如，图1-8(a)为一个长度为8的线性表，将第一个元素45删除的过程如下：

从第2个元素35开始直到最后一个元素56，将其中的每一个元素均依次往前移动一个位置，如图1-8(a)中箭头所示。此时，线性表的长度减少了1，变成了7，如图1-8(b)所示。

一般情况下，要删除第i（$1 \leqslant i \leqslant n$）个元素时，则要从第$i+1$个元素开始，直到第$n$个元素之间共$n-i$个元素依次向前移动一个位置。删除结束后，线性表的长度减少1。

倘若再要删除图1-8(b)中线性表的第3个元素82，则采用同样的步骤：从第4个元素开始至最后一个元素56，将其中的每一个元素均依次往前移动一个位置，如图1-8(b)中箭头所示。此时，线性表的长度减少了1，变成了6，如图1-8(c)所示。

显然，如果删除运算在线性表的末尾进行，即删除第n个元素，则不需要移动线性表中的元素。

如果要删除第1个元素，则需要移动表中所有的元素。

在一般情况下，如果删除第i（$1 \le i \le n$）个元素，则原来第i个元素之后的所有元素都必须依次往前移动一个位置。

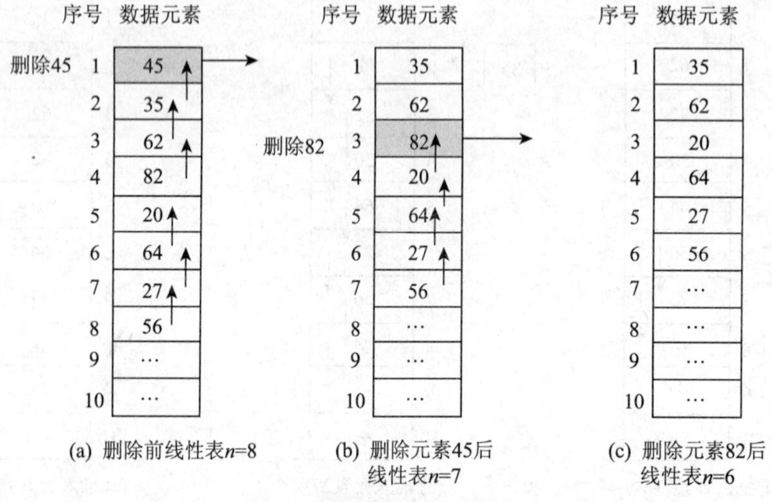

图1-8　线性表的顺序存储结构删除前后的状况

综上所述，线性表的顺序存储结构适合用于小线性表或者建立之后其中元素不常变动的线性表，而不适合用于需要经常进行插入和删除运算的线性表和长度较大的线性表。

1.4 栈和队列

栈和队列都是一种特殊的线性表，它们都有自己的特点，栈是“先进后出”的线性表，而队列是“先进先出”的线性表。

本节将详细讲解栈及队列的基本运算以及它们的不同点。

1.4.1 栈及其基本运算

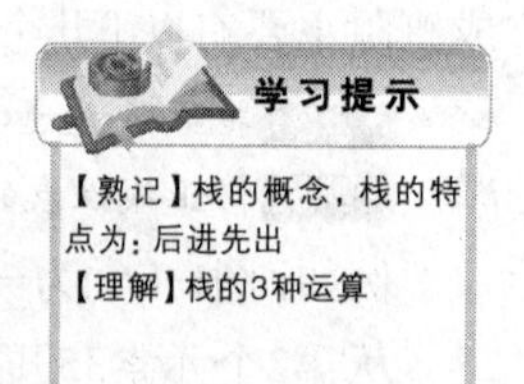

【熟记】栈的概念，栈的特点为：后进先出

【理解】栈的3种运算

1. 栈的定义

栈（Stack）是一种特殊的线性表，它所有的插入与删除都限定在表的同一端进行。在栈中，一端是封闭的，既不允许进行插入元素，也不允许删除元素；另一端是开口的，允许插入和删除元素。

例如，枪械的子弹匣就可以用来形象的表示栈结构。如图1-9(a)所示，子弹匣的一端是完全封闭的，最后被压入弹匣的子弹总是最先被弹出，而最先被压入的子弹最后才能被弹出。

在栈中，允许插入与删除的一端称为栈顶，不允许插入与删除的另一端称为栈底。当栈中没有元素时，称为空栈。例如没有子弹的子弹匣为空栈。

通常用指针top来指示栈顶的位置，用指针bottom来指向栈底。

假设栈$S=(a_1, a_2, \cdots, a_n)$，则称$a_1$ 为栈底元素，a_n为栈顶元素。栈中元素按$a_1, a_2, \cdots, a_n$的次序进栈，退栈的

第一个元素应为栈顶元素a_n。图1-9(b)是栈的入栈、退栈示意图。

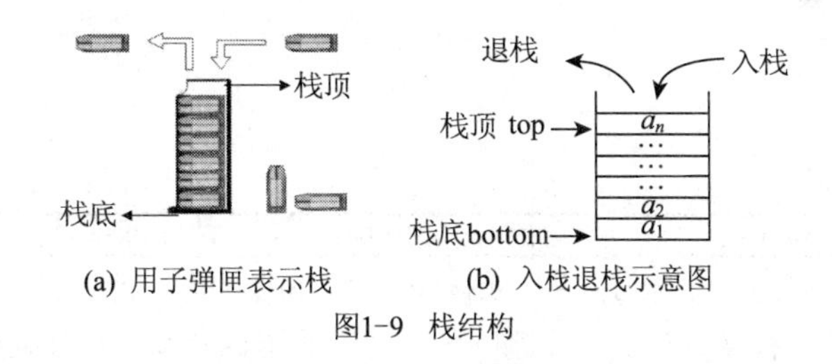

(a) 用子弹匣表示栈　(b) 入栈退栈示意图

图1-9　栈结构

2. 栈的特点

根据栈的上述定义，栈具有以下特点。

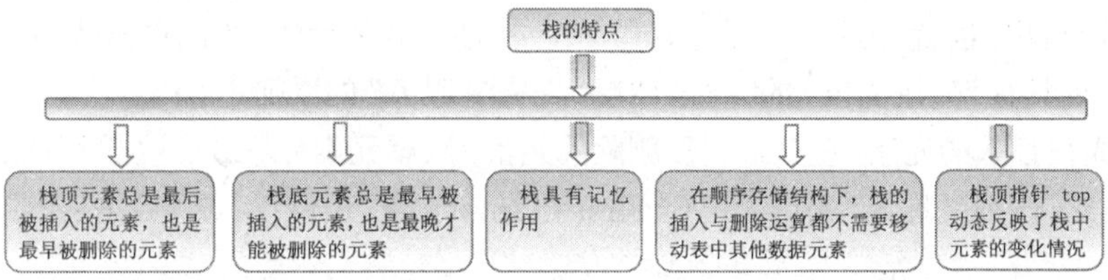

栈的修改原则是“后进先出”（Last In First Out，LIFO） 或“先进后出”（First In Last Out，FILO），因此，栈也称为“后进先出”表或“先进后出”表。

3. 栈的基本运算

栈的基本运算有3种：入栈、退栈和读栈顶元素。

（1）入栈运算

入栈运算即栈的插入，在栈顶位置插入一个新元素。

（2）退栈运算

退栈运算即栈的删除，就是取出栈顶元素赋予指定变量。

（3）读栈顶元素

读栈顶元素是将栈顶元素（即栈顶指针top指向的元素）的值赋给一个指定的变量。

栈和一般线性表的实现方法类似，通常也可以采用顺序方式和链接方式来实现，在此只介绍栈的顺序存储。

图1-10所示是一个顺序表示的栈的动态示意图。随着元素的插入和删除，栈顶指针top反映了栈的变化状态。

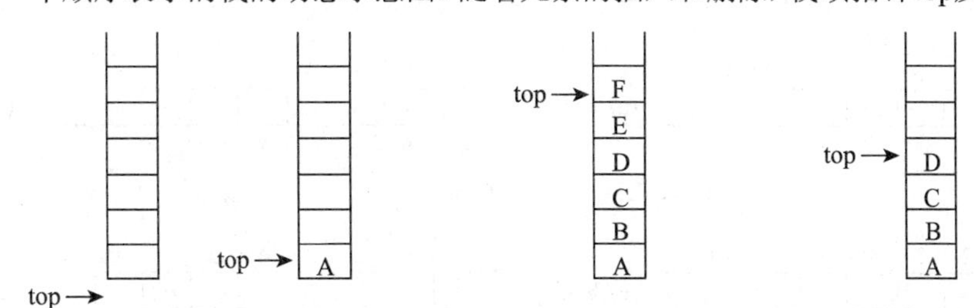

(a) 空栈　(b) 插入元素A后　(c) 插入元素B、C、D、E、F后　(d) 删除元素E、F后

图1-10　栈的动态示意图

1.4.2 队列及其基本运算

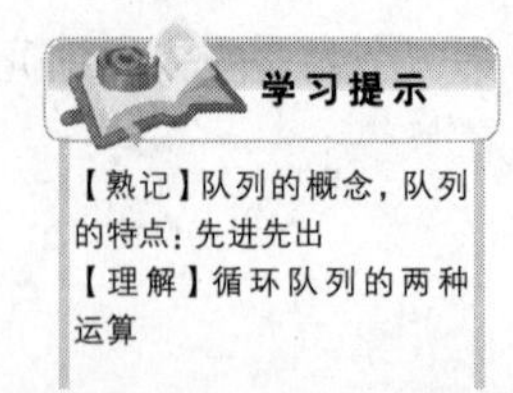

1. 队列的定义

队列也是一种特殊的线性表。

队列（queue）	是指允许在一端进行插入，而在另一端进行删除的线性表。

在队列中，允许进行删除运算的一端称为队头（或排头），允许进行插入运算的一端称为队尾。习惯上称往队列的队尾插入一个元素为入队运算，称从队列的队头删除一个元素为退队运算。若有队列：

$$Q=(q_1, q_2, \cdots, q_n)$$

那么，q_1为队头元素（排头元素），q_n为队尾元素。队列中的元素是按照q_1，q_2，…，q_n的顺序进入的，退出队列也只能按照这个次序依次退出，也就是说，只有在q_1，q_2，…，q_{n-1}都退队之后，q_n才能退出队列。因最先进入队列的元素将最先出队，所以队列具有“先进先出”的特性，体现“先来先服务”的原则。

队头元素q_1是最先被插入的元素，也是最先被删除的元素。队尾元素q_n是最后被插入的元素，也是最后被删除的元素。因此，与栈相反，队列又称为“先进先出”（First In First Out，FIFO） 或“后进后出”（Last In Last Out，LILO）的线性表。

例如，火车进隧道，最先进隧道的是火车头，最后进的是火车尾，而火车出隧道的时候也是火车头先出，最后出的是火车尾。

2. 队列的运算

可以用顺序存储的线性表来表示队列，为了指示当前执行退队运算的队头位置，需要一个队头指针（排头指针）front，为了指示当前执行入队运算的队尾位置，需要一个队尾指针rear。排头指针front总是指向队头元素的前一个位置，而队尾指针rear总是指向队尾元素。如图1-11所示是队列的示意图。

队头元素 队尾元素
退队 ← | | q_1 | q_2 | … | q_i | … | q_n | ← 入队
队头指针front 队尾指针rear

图1-11 队列示意图

往队列的队尾插入一个元素称为入队运算，从队列的排头删除一个元素称为退队运算。

例如，图1-12是在队列中进行插入与删除的示意图，一个大小为10的数组，用于表示队列，初始时，队列为空，如图1-12 (a)所示；插入数据a后，如图1-12(b)所示；插入数据b后，如图1-12(c)所示；删除数据a后，如图1-12(d)所示。

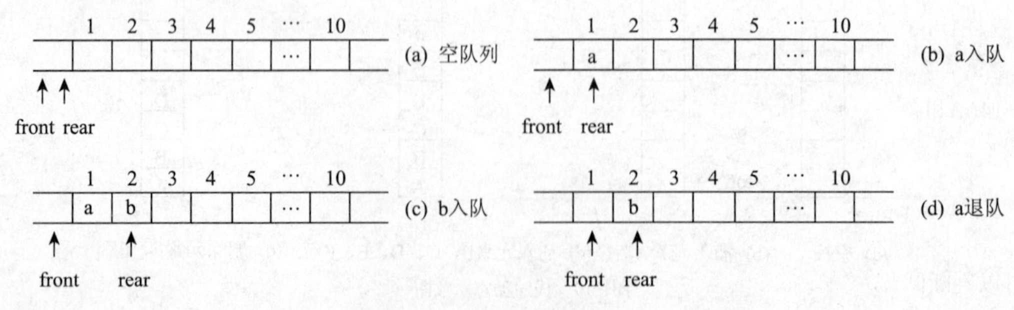

图1-12 队列的动态示意图

3. 循环队列及其运算

循环队列是队列的一种顺序存储结构，用队尾指针rear指向队列中的队尾元素，用排头指针指向排头元素的前一个位置，因此，从排头指针front指向的后一个位置直到队尾指针rear指向的位置之间所有的元素均为队列中的元素。

一维数组（1:m），最大存储空间为m，数组（1:m）作为循环队列的存储空间时，循环队列的初始状态为空，即front = rear =m，图1-13所示是循环队列初始状态的示意图。循环队列的初始状态为空，即front=rear=m。

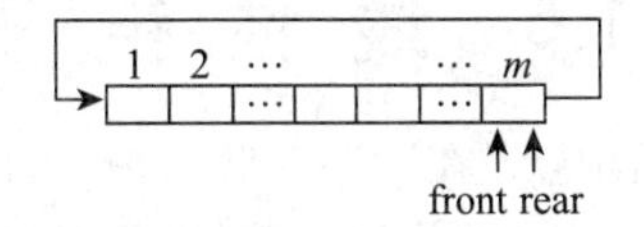

图1-13　循环队列初始状态示意图

循环队列的基本运算主要有两种：入队运算与退队运算。

（1）入队运算

入队运算是指在循环队列的队尾加入一个新元素。入队运算可分为两个步骤：首先队尾指针进1（即rear+1），然后在rear指针指向的位置，插入新元素。特别的，当队尾指针rear = m+1 时（即rear原值为m，再进1），置rear =1。这表示在最后一个位置插入元素后，紧接着在第一个位置插入新元素。

例如，在图1-14(a)中进行入队运算，首先队尾指针进1，此时rear = m+1，置rear =1，则在第1个位置上插入数据a，见图1-14(b)；当插入第2个数据b时，队尾指针进1，rear=2，在第2个位置上插入数据b，依此类推，直到把所有的数据元素插入完成，见图1-14(c)所示。

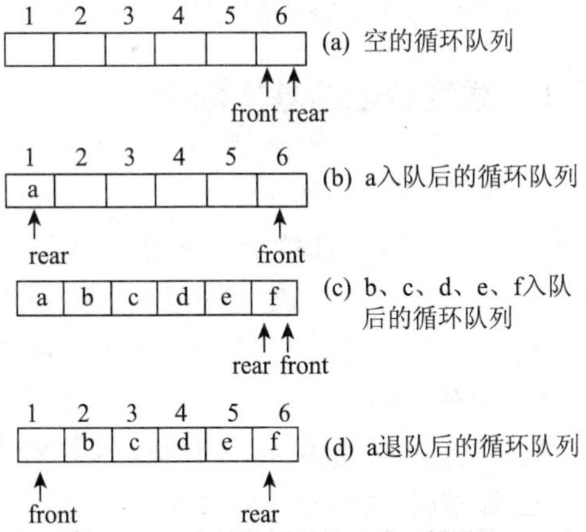

(a) 空的循环队列

(b) a入队后的循环队列

(c) b、c、d、e、f入队后的循环队列

(d) a退队后的循环队列

图1-14　循环队列动态示意图

（2）退队运算

退队运算是指在循环队列的排头位置退出一个元素，并赋给指定的变量。退队运算也可分为两个步骤：首先，排头指针进1（即front+1），然后删除front指针指向的位置上的元素。特别地，当排头指针front = m+1时（即front原值为m，再进1），置front = 1。这表示，在最后一个位置删除元素后，紧接着在第一个位置删除元素。

例如，在图1-14(c)中进行退队运算时，排头指针进1（即front+1），此时front = m+1，置front = 1，删除此位置的数据，即数据a。

从图1-14(a)和图1-14(c)可以看出，循环队列在队列满时，和队列空时都有front = rear，如何区分循环队列是空还是满的呢？在实际应用中，通常增加一个标志量S，S值的定义如下：

$$S=\begin{cases}0 & \text{循环队列为空}\\1 & \text{循环队列为非空}\end{cases}$$

由此可以判断队列空和队列满这两种情况。

当S = 0时，循环队列为空，此时不能再进行退队运算，否则会发生“下溢”错误。

当$S = 1$时，并且front = rear时，循环队列满。此时不能再进行入队运算，否则会发生“上溢”错误。

在定义了S以后，循环队列初始状态为空，表示为：$S = 0$，且front = rear =m。

请注意 栈是按照“先进后出”或“后进先出”的原则组织数据，而队列是按照“先进先出”或“后进后出”的原则组织数据。

1.5 线性链表

前面主要介绍了线性表的顺序存储结构以及在顺序存储结构下的运算。线性表的顺序存储结构具有简单、运算方便等优点，特别是对于小线性表或长度固定的线性表，采用顺序存储结构的优越性更为突出。但是线性表的顺序存储结构在某些情况下就显得不方便，运算效率不高，那么该如何解决这些问题呢？

线性表主要有两种存储方式：顺序存储和链接存储，前面在介绍一般的线性表以及栈和队列时，主要介绍了相应的顺序存储，本节讲解线性表的链接存储。

1.5.1 线性链表的基本概念

学习提示

【熟记】线性链表的特点以及存储结点的两个组成部分

【了解】顺序表和链表各自的优缺点

1. 线性链表

线性表链式存储结构的特点是用一组不连续的存储单元存储线性表中的各个元素。因为存储单元不连续，数据元素之间的逻辑关系，就不能依靠数据元素存储单元之间的物理关系来表示。为了表示每个元素与其后继元素之间的逻辑关系，每个元素除了需要存储自身的信息外，还要存储一个指示其后件的信息（即后件元素的存储位置）。

线性表链式存储结构的基本单位称为存储结点，图1-15是存储结点的示意图。每个存储结点包括两个组成部分：

存储序号	数据域	指针域
i	D(i)	NEXT(i)

图1-15 线性链表的一个存储结点

数据域	存放数据元素本身的信息。
指针域	存放一个指向后件结点的指针，即存放下一个数据元素的存储地址。

假设一个线性表有n个元素，则这n个元素所对应的n个结点就通过指针链接成一个线性链表。

所谓线性链表，就是指线性表的链式存储结构，简称链表。由于这种链表中，每个结点只有一个指针域，故又称为单链表。

在线性链表中，第一个元素没有前件，指向链表中的第一个结点的指针，是一个特殊的指针，称为这个链表的头指针（HEAD）。最后一个元素没有后件，因此，线性链表最后一个结点的指针域为空，用NULL或0表示。

例如，如图1-16所示为线性表（A，B，C，D，E，F）的线性链表存储结构。头指针HEAD中存放的是第一个元素A的存储地址（即存储序号）。

图1-16中“…”的存储单元可能存有数据，也可能是空闲

头指针HEAD：10

存储序号i	D(i)	NEXT(i)
1	C	7
…	…	…
3	B	1
…	…	…
7	D	19
…	…	…
10	A	3
11	F	NULL
…	…	…
19	E	11
…	…	…

图1-16 线性链表示例

的。总之，线性链表的存储单元是任意的，即各数据结点的存储序号可以是连续的，也可以是不连续的，各结点在存储空间中的位置关系与逻辑关系不一致，前后件关系由存储结点的指针来表示。指向第一个数据元素的头指针（HEAD）= NULL或者0时，称为空表。

因为在讨论线性链表时，主要关心的只是线性表中元素的逻辑顺序，而不是每个元素在存储器中的实际物理位置，所以可以把图1-16的线性链表，更加直观地表示成如图1-17所示的、用箭头相链接的结点序列，其中每一个结点上面的数字表示该结点的存储序号（即结点号）。

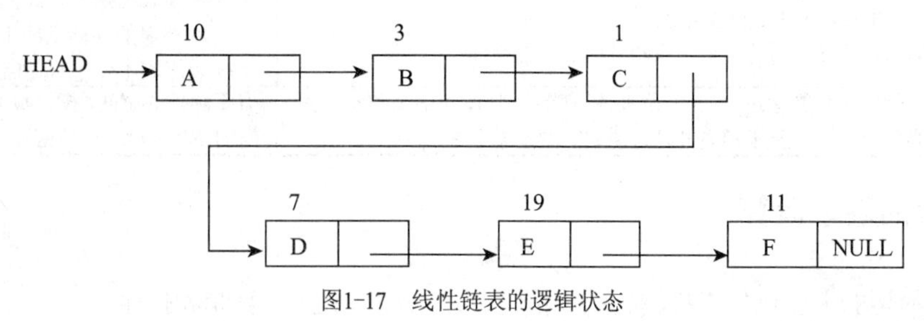

图1-17　线性链表的逻辑状态

前面提到，这样的线性链表中，每个存储结点只有一个指针域，称为单链表。在实际应用中，有时还会用到每个存储结点有两个指针域的链表，一个指针域存放前件的地址，称为左指针（Llink），一个指针域存放后件的地址，称为右指针（Rlink）。这样的线性链表称为双向链表。图1-18是双向链表的示意图。双向链表的第一个元素的左指针（Llink）为空，最后一个元素的右指针（Rlink）为空。

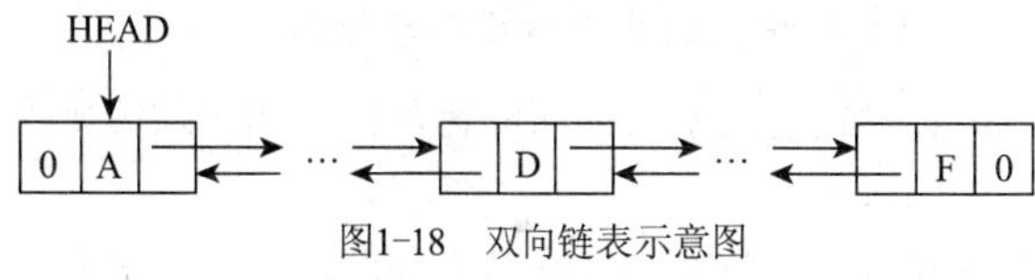

图1-18　双向链表示意图

在单链表中，只能顺指针向链尾方向进行扫描，由某一个结点出发，只能找到它的后件，若要找出它的前件，必须从头指针开始重新寻找。

而在双向链表中，由于为每个结点设置了两个指针，从某一个结点出发，可以很方便地找到其他任意一个结点。

2. 带链的栈

栈也可以采用链式存储结构表示，把栈组织成一个单链表。这种数据结构可称为带链的栈。图1-19 (a)是带链的栈示意图。

3. 带链的队列

与栈类似，队列也可以采用链式存储结构表示。带链的队列就是用一个单链表来表示队列，队列中的每一个元素对应链表中的一个结点。图1-19(b)是带链的队列的示意图。

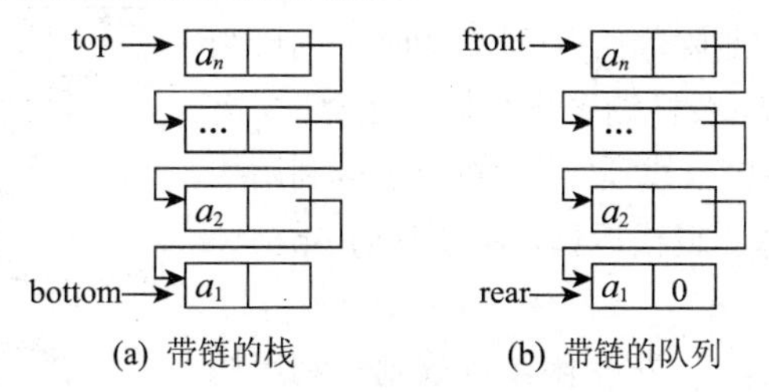

图1-19　带链的栈和带链的队列

4. 顺序表和链表的比较

线性表的存储方式，称为顺序表。其特点是用物理存储位置上的邻接关系来表示结点间的逻辑关系。

线性表的连接存储，称为线性链表，简称链表。其特点每个存储结点包括数据域和指针域，用指针表示结点间的逻辑关系。两者的优缺点如表1-5所示。

表1-5 顺序表和链表的优缺点比较

类型	优点	缺点
顺序表	(1) 可以随机存取表中的任意结点 (2) 无需为表示结点间的逻辑关系额外增加存储空间	(1) 顺序表的插入和删除运算效率很低 (2) 顺序表的存储空间不便于扩充 (3) 顺序表不便于对存储空间的动态分配
链表	(1) 在进行插入和删除运算时，只需要改变指针即可，不需要移动元素 (2) 链表的存储空间易于扩充并且方便空间的动态分配	需要额外的空间（指针域）来表示数据元素之间的逻辑关系，存储密度比顺序表低

1.5.2 线性链表的基本运算

对线性链表进行的运算主要包括查找、插入、删除、合并、分解、逆转、复制和排序。本小节主要讨论线性链表的查找、插入和删除运算。

1. 在线性链表中查找指定元素

查找指定元素所处的位置是插入和删除等操作的前提，只有先通过查找定位才能进行元素的插入和删除等进一步的运算。

在链表中查找指定元素必须从队头指针出发，沿着指针域Next逐个结点搜索，直到找到指定元素或链表尾部为止，而不能像顺序表那样，只要知道了首地址，就可以计算出任意元素的存储地址，如图1-6所示。因此，线性链表不是随机存储结构。

在链表中，如果有指定元素，则扫描到等于该元素值的结点时，停止扫描，返回该结点的位置，因此，如果链表中有多个等于指定元素值的结点，只返回第一个结点的位置。如果链表中没有元素的值等于指定元素，则扫描完所有元素后，返回NULL。

2. 可利用栈的插入和删除

在讨论线性链表的插入和删除之前，先介绍一下可利用栈。

如图1-16所示，线性链表的存储单元是不连续的，这样，就存在一些离散的空闲结点。为了把计算机存储空间中空闲的存储结点利用起来，把所有空闲的结点组织成一个带链的栈（如图1-19（a）所示），称为可利用栈。

线性链表执行删除运算时，被删除的结点可以“回收”到可利用栈，对应于可利用栈的入栈运算，线性链表执行插入运算时，需要一个新的结点，可以在可利用栈中取栈顶结点，对应于可利用栈的退栈运算。可利用栈的入栈运算和退栈运算只需要改动top指针即可，如图1-20所示。

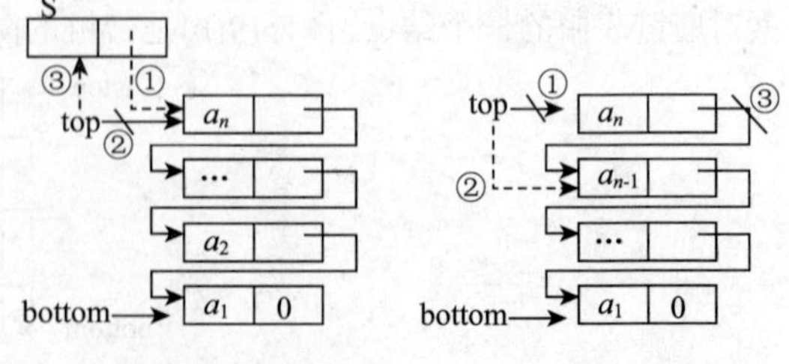

(a) 将空闲结点a入栈 (b) 取出一个空闲结点

图1-20 可利用栈及其运算

图1-20(a)是可利用栈的入栈运算，把空闲结点放到可利用栈

的栈顶，其中②、③步其实是同步的。当线性链表执行删除运算时，可利用栈执行插入（入栈）运算。

图1-20(b)是可利用栈的退栈运算，取出栈顶结点，其中，①、②步是同步的。当线性链表执行插入运算时，可利用栈执行删除（退栈）运算。

3. 线性链表的插入

线性链表的插入是指在链式存储结构下的线性表中插入一个新元素。

首先要给该元素分配一个新结点，新结点可以从可利用栈中取得如图1-20(b)所示，然后将存放新元素值的结点链接到线性链表中指定的位置。

要在线性链表中数据域为M的结点之前插入一个新元素n，则插入过程如下所述：

(1) 取可利用栈的栈顶空闲结点，如图1-20(b)所示，生成一个数据域为n的结点，将新结点的存储序号存放在指针变量p中。

(2) 在线性链表中查找数据域为M的结点，将其前件的存储序号存放在变量q中。

(3) 将新结点p的指针域内容设置为指向数据域为M的结点。

(4) 将结点q的指针域内容改为指向新结点p。

插入过程如图1-21所示。

由于线性链表执行插入运算时，新结点的存储单元取自可利用栈。因此，只要可利用栈非空，线性链表总能找到存储插入元素的新结点，因而不需规定最大存储空间，也不会发生“上溢”的错误。此外，线性链表在执行插入运算时，不需要移动数据元素，只需要改动有关结点的指针域即可，插入运算效率大大提高。

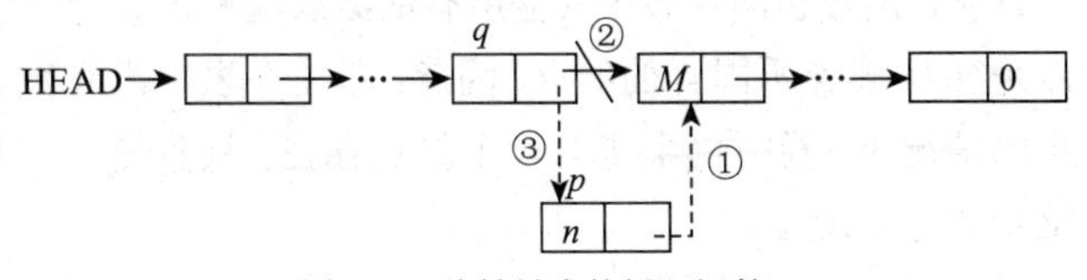

图1-21 线性链表的插入运算

4. 线性链表的删除

线性链表的删除是指在链式存储结构下的线性表中删除包含指定元素的结点。

在线性链表中删除数据域为M的结点，其过程如下所述。

(1) 在线性链表中查找包含元素M的结点，将该结点的存储序号存放在p中。

(2) 把p结点的前件存储序号存放在变量q中，将q结点的指针修改为指向p结点的指针所指向的结点（即p结点的后件）。

(3) 把数据域为M的结点“回收”到可利用栈，如图1-20 (a) 所示。

删除过程如图1-22所示。

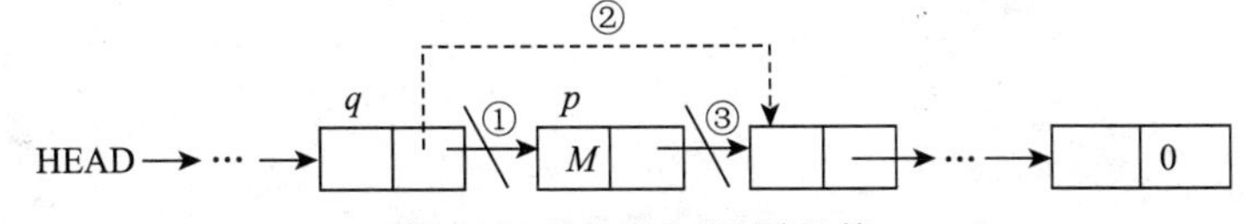

图1-22 线性链表的删除运算

和插入运算一样，线性链表的删除运算也不需要移动元素。删除运算只需改变被删除元素前件的指针域即可。而且，删除的结点回收到可利用栈中，可供线性链表插入运算时使用。

请注意 在线性链表中，各数据元素结点的存储空间可以是不连续的，且各数据元素的存储顺序与逻辑顺序可以不一致。在线性链表中进行插入与删除，不需要移动链表中的元素。

1.5.3 循环链表及其基本运算

1. 循环链表的定义

在单链表的第一个结点前增加一个表头结点，队头指针指向表头结点，最后一个结点的指针域的值由NULL改为指向表头结点，这样的链表称为循环链表。循环链表中，所有结点的指针构成了一个环状链。

2. 循环链表与单链表的比较

对单链表的访问是一种顺序访问，从其中某一个结点出发，只能找到它的直接后继（即后件），但无法找到它的直接前驱（即前件），而且对于空表和第一个结点的处理必须单独考虑，空表与非空表的操作不统一。

在循环链表中，只要指出表中任何一个结点的位置，就可以从它出发访问到表中其他所有的结点。并且，由于表头结点是循环链表所固有的结点，因此，即使在表中没有数据元素的情况下，表中也至少有一个结点存在，从而使空表和非空表的运算统一。

HEAD
表头结点
(a) 空循环链表

HEAD
表头结点
(b) 非空循环链表

图1-23 循环链表的逻辑状态

循环链表的逻辑状态如图1-23所示。

1.6 树与二叉树

树与二叉树是数据结构的重要部分，本节将对树与二叉树进行介绍，对其中的二叉树的重点概念、重要术语举例说明，并对二叉树的基本性质、二叉树的遍历加以重点介绍。

1.6.1 树的基本概念

树（Tree）是一种简单的非线性结构，直观地来看，树是以分支关系定义的层次结构。由于它呈现与自然界的树类似的结构形式，所以称它为树。树结构在客观世界中是大量存在的。

例如，一个家族中的族谱关系：

*A*有后代*B*，*C*；

*B*有后代*D*，*E*，*F*；

*C*有后代 *G*；

*E*有后代*H*，*I*。

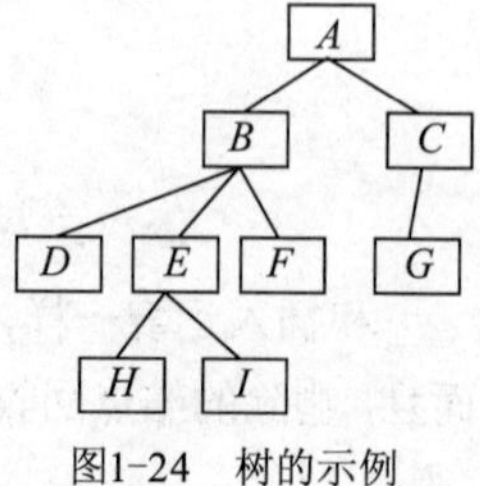

图1-24 树的示例

则这个家族的成员及血统关系可用图1-24这样一棵倒置的树来描述。另外，像组织机构（如处、科、室），行政区（如省、市、县），物种分类（如门、纲、类、科、目、种），书籍目录

（如书、章、节、小节）等，这些具有层次关系的数据，都可以用树这种数据结构来描述。

在用图形表示数据结构中元素之间的前后件关系时，一般使用有向箭头，如图1-5（a）和图1-5（b）所示，但树形结构中，由于前后件关系非常清楚，即使去掉箭头也不会引起歧义，因此，图1-24中使用无向线段代表数据元素之间的逻辑关系（即前后件关系）。

下面结合图1-24介绍树的相关术语。

父结点（根）	在树结构中，每一个结点只有一个前件，称为父结点，没有前件的结点只有一个，称为树的根结点，简称树的根。

例如，在图1-24中，结点A是树的根结点。

子结点和叶子结点	在树结构中，每一个结点可以有多个后件，称为该结点的子结点。没有后件的结点称为叶子结点。

例如，在图1-24中，结点D，H，I，F，G均为叶子结点。

度	在树结构中，一个结点所拥有的后件个数称为该结点的度，所有结点中最大的度称为树的度。

例如，在图1-24中，根结点A和结点E的度为2，结点B的度为3，结点C的度为1，叶子结点D，H，I，F，G的度为0。所以，该树的度为3。

深度	定义一棵树的根结点所在的层次为1，其他结点所在的层次等于它的父结点所在的层次加1。树的最大层次称为树的深度。

例如，在图1-24中，根结点A在第1层，结点B，C在第2层，结点D，E，F，G在第3层，结点H，I在第4层。该树的深度为4。

子树	在树中，以某结点的一个子结点为根构成的树称为该结点的一棵子树。

例如，在图1-24中，结点A有2棵子树，它们分别以B，C为根结点。结点B有3棵子树，它们分别以D，E，F为根结点，其中，以D，F为根结点的子树实际上只有根结点一个结点。树的叶子结点度为0，所以没有子树。

1.6.2　二叉树及其基本性质

学习提示

【理解】二叉树的定义及特点、满二叉树和完全二叉树的定义及两者的异同

【掌握】二叉树的6个重要性质

1. 二叉树的定义

与一般的树结构比较，二叉树在结构上具有规范性和确定性的特点，因此，应用也比树更为广泛。

二叉树（Binary Tree）	是一个有限的结点集合，该集合或者为空，或者由一个根结点及其两棵互不相交的左、右二叉子树所组成。

图1-25是一棵二叉树的例子。

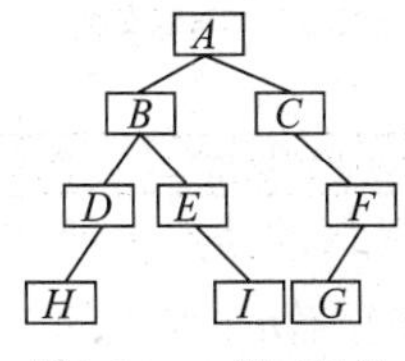

图1-25　一棵二叉树

二叉树与树是相似的，1.6.1节讲到的树结构的所有术语都可以用到二叉树结构上。

二叉树又与树不同，二叉树不是树的特殊情况，二者是不同的概念，二叉树的特点是：

 （1）二叉树可以为空，空的二叉树没有结点，非空二叉树有且只有一个根结点。	 （2）每个结点最多有两棵子树，即二叉树中不存在度大于2的结点。	 （3）二叉树的子树有左右之分，其次序不能任意颠倒。

二叉树的每个结点可以有两棵子二叉树，分别简称为左子树和右子树。因二叉树可以为空，所以二叉树中的结点可能没有子结点，可能只有一个左子结点，或只有一个右子结点，也可能同时有左右两个子结点。

由此，二叉树可以归纳为5种基本形态，如图1-26所示。

图1-26(a)表示空二叉树；

图1-26(b)是仅有根结点的二叉树，即左子树和右子树都为空二叉树；

图1-26(c)是左、右子树均非空的二叉树；

图1-26(d)是左子树非空，右子树为空的二叉树；

图1-26(e)是右子树非空，左子树为空的二叉树。

∅

(a)　(b)　(c)　(d)　(e)

图1-26　二叉树的5种基本形态

在二叉树中，当一个非根结点的结点，既没有右子树，也没有左子树时，该结点即是叶子结点。

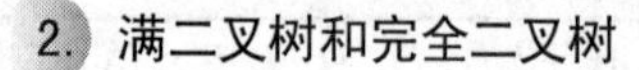

2. 满二叉树和完全二叉树

满二叉树和完全二叉树是两种特殊形态的二叉树。

（1）满二叉树

满二叉树	指除最后一层外，每一层上的所有结点都有两个子结点的二叉树。

- 满二叉树在其第i层上有2^{i-1}个结点，即每一层上的结点数都是最大结点数。
- 一棵深度为K的满二叉树，整棵二叉树共有2^K-1个结点。

图1-27是两棵满二叉树。图1-27(a)是深度为3的满二叉树，图1-27(b)是深度为4的满二叉树。

在满二叉树中，只有度为2和度为0的结点，没有度为1的结点。所有度为0的结点即叶子结点都在同一层，即最后一层。

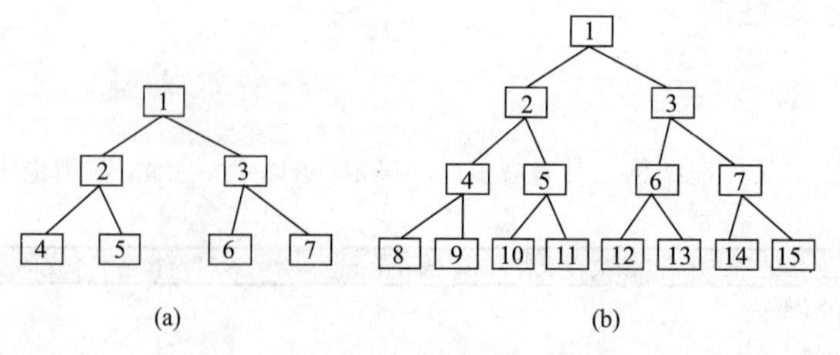

图1-27　满二叉树

（2）完全二叉树

完全二叉树	指除最后一层外，每一层上的结点数均达到最大值，在最后一层上只缺少右边的若干结点。

完全二叉树也可以这样来描述：如果对满二叉树的结点进行连续编号，从根结点开始，对二叉树的结点自上而下，自左至右用自然数进行连续编号，则深度为K的，有n个结点的二叉树，当且仅当其每一个结点都与深度为K的满二叉树中编号从1到n的结点一一对应时，称之完全二叉树。

由完全二叉树可知，满二叉树一定是完全二叉树，完全二叉树不一定是满二叉树。

图1-28(a)是深度为3的3棵完全二叉树，图1-28(b)是深度为4的一棵完全二叉树。

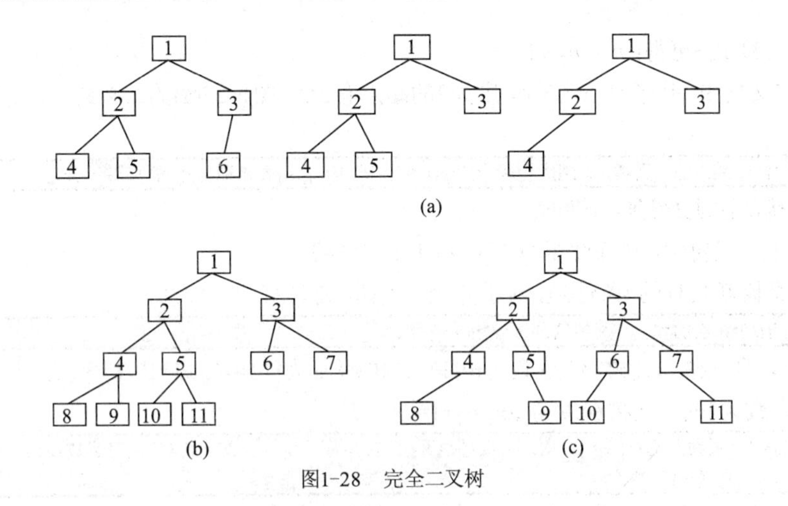

图1-28　完全二叉树

请注意　如图1-28(c)所示的二叉树不是完全二叉树。

可以看出，完全二叉树的特点是：

- 叶子结点只可能在最后两层出现；
- 对于任一结点，若其右子树的深度为m，则该结点左子树的深度为m或为$m+1$。

3. 二叉树的基本性质

二叉树具有下列重要性质：

性质1	在二叉树的第K层上，最多有2^{K-1}（$K\geqslant 1$）个结点。

例如，二叉树的第1层最多有$2^0=1$个结点，第3层最多有$2^{3-1}=2^2=4$个结点。满二叉树就是每层的结点数都是最大结点数的二叉树，因此，性质1可以在图1-27中直观地看到。

性质2	深度为K的二叉树中，最多有2^K-1个结点。

证明：由性质1可知，深度为K的二叉树中，最大结点个数M为：

$$M=\sum_{i=1}^{k}n_i=\sum_{i=1}^{k}2^{i-1}=2^{1-1}+2^{2-1}+\cdots+2^{k-1}=2^k-1$$

例如，深度为3的二叉树，最多有结点$2^3-1=7$个结点。

性质3	对任何一棵二叉树，度为0的结点（即叶子结点）总是比度为2的结点多一个。

证明：设一棵非空二叉树中有n个结点，叶子结点个数为n_0，度为1的结点个数为n_1，度为2的结点个数为n_2。

所以：

$$n = n_0+n_1+n_2 \quad (1)$$

在二叉树中，除根结点外，其余每个结点都有且仅有一个前件（直接前驱）和一条从其前件结点指向它的边。假设边的总数为B，则二叉树中总的结点数为：

$$n=B+1 \quad (2)$$

由于二叉树中的边都是由度为1和度为2的结点发出的。所以有：

$$B = n_1+n_2\times 2 \quad (3)$$

综合（1）、（2）、（3）式，可得：$n_0 = n_2 + 1$

例如，图1-25的二叉树中，叶子结点为3个，度为2的结点有2个。图1-27(a)的二叉树中，度为2的结点有3个，叶子结点有4个。

性质4	具有n个结点的二叉树，其深度至少为$[\log_2 n]+1$，其中$[\log_2 n]$表示取$\log_2 n$的整数部分。

这个性质可以直接从性质2得到，证明略。

例如，有6个结点的二叉树中，其深度至少为$[\log_2 6]+1=2+1=3$。

以上是所有的二叉树都具有的4条性质，对于完全二叉树，还具有两个性质：

性质5	具有n个结点的完全二叉树的深度为$[\log_2 n]+1$。

例如，图1-28(a)中的三棵二叉树，结点数为6的二叉树深度为$[\log_2 6]+1=2+1=3$。结点数为5的二叉树深度为$[\log_2 5]+1=2+1=3$。结点数为4的二叉树深度为$[\log_2 4]+1=2+1=3$。

性质6	设完全二叉树共有n个结点。如果从根结点开始，按层序（每一层从左到右）用自然数1，2，…，n给结点进行编号（i=1，2，…，n），有以下结论。

① 若$i=1$，则该结点为根结点，它没有父结点；若$i>1$，则该结点的父结点编号为$[i/2]$；

其中$[i/2]$表示取$i/2$的整数部分。

② 若$2i>n$，该结点无左子结点（也无右子结点）；若$2i \leqslant n$，则编号为i的结点的左子结点编号为$2i$。

③ 若$2i+1>n$，则该结点无右子结点；若$2i+1 \leqslant n$，则编号为i的结点的右子结点编号为$2i+1$。

例如：在图1-28(b)中，对于5号结点，$i=5$，父结点编号为$[i/2]=[5/2]=2$；因为$2i \leqslant n$，即$2\times5=10 \leqslant 11$，所以5号结点有左子结点，编号为$2i=10$；因为$2i+1 \leqslant n$，即$2\times5+1=11$，所以5号结点有右子结点，编号为$2i+1=11$。

注意：性质5和性质6是完全二叉树和满二叉树特有的。

1.6.3 二叉树的存储结构

在计算机中，二叉树通常采用链式存储结构。用于存储二叉树中元素的存储结点由数据域和指针域两部分构成。由于每一个元素可以有两个后件，所以用于存储二叉树的存储结点的指针域有两个：一个用于指向该结点的左子结点，即左指针域；另一个用于指向该结点的右子结点，即右指针域。二叉树的存储结点如图1-29所示。

左指针域	数据域	右指针域
L(i)	Data(i)	R(i)

图1-29 二叉树的一个存储结点

由于二叉树的存储结构中每一个存储结点有两个指针域，因此，二叉树的链式存储结构也称为二叉链表。

对于满二叉树与完全二叉树可以按层次进行顺序存储。

1.6.4 二叉树的遍历

二叉树的遍历是指不重复地访问二叉树中的所有结点。

由于二叉树是非线性结构，在遍历二叉树的过程中，当访问到某个结点时，再往下访问可能有两个分支，那么先访问哪一个分支呢？对于二叉树来说，根结点、左子树上的所有结点和右子树上的所有结点，在这三者中，究竟先访问哪一个呢？

在遍历二叉树的过程中，一般先遍历左子树，再遍历右子树。在先左后右的原则下，根据访问根结点的次序不同，二叉树的遍历可以分为3种：前序遍历、中序遍历、后序遍历。下面分别介绍这3种遍历方法。

1. 前序遍历（DLR）

前序遍历中“前”的含义是：访问根结点在访问左子树和访问右子树之前。即首先访问根结点，然后遍历左子树，最后遍历右子树；并且在遍历左子树和右子树时，仍然先访问根结点，然后遍历左子树，最后遍历右子树。

前序遍历可以描述为：

若二叉树为空，则空操作，否则步骤如下。

访问根结点 → 前序遍历左子树 → 前序遍历右子树

例如，对图1-30中的二叉树进行前序遍历的结果（或称为该二叉树的前序序列）为：*A*, *B*, *D*, *H*, *E*, *I*, *C*, *F*, *G*。

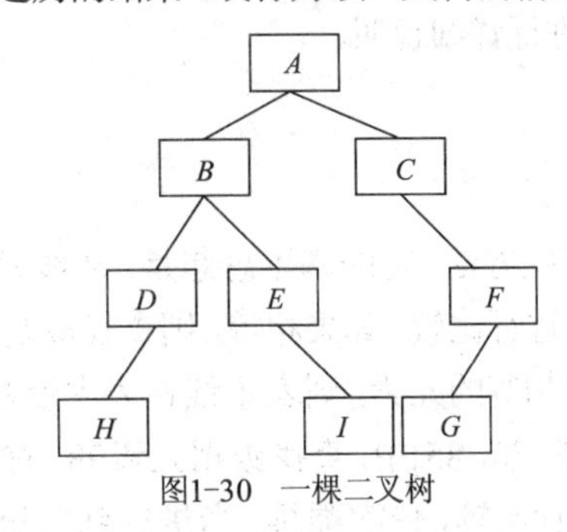

图1-30　一棵二叉树

2. 中序遍历（LDR）

中序遍历中“中”的含义是：访问根结点在访问左子树和访问右子树两者之间。即首先遍历左子树，然后访问根结点，最后遍历右子树。并且在遍历左子树和右子树时，仍然首先遍历左子树，然后访问根结点，最后遍历右子树。

中序遍历可以描述为：

若二叉树为空，则空操作，否则步骤如下。

中序遍历左子树 → 访问根结点 → 中序遍历右子树

例如，对图1-30中的二叉树进行中序遍历的结果（或称为该二叉树的中序序列）为：*H*, *D*, *B*, *E*, *I*, *A*, *C*, *G*, *F*。

3. 后序遍历（LRD）

后序遍历中“后”的含义是：访问根结点在访问左子树和访问右子树之后。即首先遍历左子树，然后遍历右子树，最后访问根结点；并且在遍历左子树和右子树时，仍然首先遍历左子树，然后遍历右子树，最后访问根结点。

后序遍历可以描述为：

若二叉树为空，则空操作，否则步骤如下。

后序遍历左子树 → 后序遍历右子树 → 访问根结点

例如，对图1-30中的二叉树进行后序遍历的结果（或称为该二叉树的后序序列）为：*H*, *D*, *I*, *E*, *B*, *G*, *F*, *C*, *A*。

请注意 已知一棵二叉树的前序遍历序列和中序遍历序列，可以唯一确定这棵二叉树。已知一棵二叉树的后序遍历序列和中序遍历序列，也可以唯一确定这棵二叉树。但是，已知一棵二叉树的前序遍历序列和后序遍历序列，不能唯一确定这棵二叉树。

1.7 查找技术

查找就是在某种数据结构中，找出满足指定条件的元素。查找是插入和删除等运算的基础，是数据处理的重要内容。由于数据结构是算法的基础，因此，对于不同的数据结构，应选用不同的查找算法，以获得更高的查找效率。本节将对顺序查找和二分法查找的概念进行详细说明。

1.7.1 顺序查找

学习提示
【理解】顺序查找的基本思想

顺序查找（顺序搜索）是最简单的查找方法，它的基本思想是：从线性表的第一个元素开始，逐个将线性表中的元素与被查元素进行比较，如果相等，则查找成功，停止查找；若整个线性表扫描完毕，仍未找到与被查元素相等的元素，则表示线性表中没有要查找的元素，查找失败。

例如，在一维数组[20，45，23，98，56，76，85]中，查找数据元素98，首先从第1个元素20开始进行比较，与要查找的数据不相等，接着与第2个元素45进行比较，依次类推，当进行到与第4个元素比较时，它们相等，所以查找成功。如果查找数据元素99，则整个线性表扫描完毕，仍未找到与99相等的元素，表示线性表中没有要查找的元素。

下面分析顺序查找算法的时间复杂度：

 第一个元素就是要查找的元素，则比较次数为1次 **最好情况下**	 最后一个元素才是要找的元素，或者在线性表中，没有要查找的元素，则需要与线性表中所有的元素比较，比较次数为n次 **最坏情况下**	 需要比较$n/2$次。因此查找算法的时间复杂度为$O(n)$ **平均情况下**

此外，顺序查找法虽然效率很低，但在以下两种情况中，它是查找运算唯一的选择：

- 线性表为无序表（即表中的元素是无序的），则不管是顺序存储，还是链式存储结构，都只能用顺序查找；
- 即使线性表是有序的，如果采用链式存储结构，也只能用顺序查找。

1.7.2 二分法查找

【理解】二分法查找的过程

二分法查找也称拆半查找，是一种高效的查找方法。能使用二分法查找的线性表必须满足两个条件：

- 用顺序存储结构；
- 线性表是有序表。

在本书中，为了简化问题，而更方便讨论，“有序”是特指元素按非递减排列，即从小到大排列，但允许相邻元素相等。下一节排序中，有序的含义也是如此。

对于长度为n的有序线性表，利用二分法查找元素X的过程如下。

将X与线性表的中间项比较：

- 如果X的值与中间项的值相等，则查找成功，结束查找；
- 如果X小于中间项的值，则在线性表的前半部分以二分法继续查找；
- 如果X大于中间项的值，则在线性表的后半部分以二分法继续查找。

例如，长度为8的线性表关键码序列为：[5，12，26，29，37，45，46，69]，被查元素为37，首先将与线性表的中间项比较，即与第4个数据元素29相比较，37大于中间项29的值，则在线性表[37，45，46，69]继续查找；接着与中间项比较，即与第2个元素45相比较，37小于45，则在线性表[37]继续查找，最后一次比较相等，查找成功。

顺序查找法每一次比较，只将查找范围减少1，而二分法查找，每比较一次，可将查找范围减少为原来的一半，效率大大提高。

可以证明，对于长度为n的有序线性表，在最坏情况下，二分法查找只需比较$\log_2 n$次，而顺序查找需要比较n次。

? 二分法查找适用于何种存储方式的有序表?

1.8 排序技术

排序是数据处理的重要内容。所谓排序是指将一个无序序列整理成按值非递减顺序排列的有序序列。排序的方法有很多，根据待排序序列的规模以及对数据处理的要求，可以采用不同的排序方法。本节主要介绍一些常用的排序方法。

1.8.1 交换类排序法

学习提示

【理解】冒泡排序法和快速排序法的思想

交换类排序法是借助数据元素的“交换”来进行排序的一种方法。本小节介绍冒泡排序法和快速排序法，它们都使用交换排序方法。

1. 冒泡排序法

冒泡排序法是最简单的一种交换类排序方法。在数据元素的序列中，对于某个元素，如果其后存在一个元素小于它，则称之为存在一个逆序。

冒泡排序（Bubble Sort）的基本思想就是通过两两相邻数据元素之间的比较和交换，不断地消去逆序，直到所有数据元素有序为止。

(1) 冒泡排序法的思想

第一遍，在线性表中，从前往后扫描，如果相邻的两个数据元素，前面的元素大于后面的元素，则将它们交换，并称为消去了一个逆序。在扫描过程中，线性表中最大的元素不断的往后移动，最后，被交换到了表的末端。此时，该元素就已经排好序了。

然后对当前还未排好序的范围内的全部结点，从后往前扫描，如果相邻两个数据元素，后面的元素小于前面的元素，则将它们交换，也称为消去了一个逆序。在扫描过程中，最小的元素不断的往前移动，最后，被换到了线性表的第一个位置，则认为该元素已经排好序了。

对还未排好序的范围内的全部结点，继续第二遍，第三遍的扫描，这样，未排好序的范围逐渐减小，最后为空，则线性表已经变为有序了。

冒泡排序每一遍的从前往后扫描都把排序范围内的最大元素沉到了表的底部，每一遍的从后往前扫描，都把排序范围内的最小元素像气泡一样浮到了表的最前面。冒泡排序的名称也由此而来。

(2) 冒泡排序法的例子

图1-31是一个冒泡排序法的例子，对（4，1，6，5，2，3）这样一个6个元素组成的线性表排序。图中每一遍结果中方括号“[ ]”外的元素是已经排好序的元素，方括号“[ ]”内的元素是还未排好序的元素，可以看到，方括号“[ ]”的范围在逐渐减小。具体的说明如下所述。

原始序列	4⟷	1	6⟷	5⟷	2⟷	3
第一遍(从前往后)	[1	4⟷	5⟷	2	3]	6
(从后往前)	1	[2	4	5⟷	3]	6
第二遍(从前往后)	1	[2	4⟷	3]	5	6
(从后往前)	1	2	[3	4]	5	6
最终结果	1	2	3	4	5	6

图1-31　冒泡排序示例

第一遍的从前往后扫描：首先比较“4”和“1”，前面的元素大于后面的元素，这是一个逆序，两者交换（图中用双向箭头表示）。交换后接下来是“4”和“6”比较，不需要交换。然后“6”与“5”比较，这是一个逆序，则相互交换。“6”再与“2”比较，交换。“6”再与“3”比较，交换。这时，排序范围内（即整个线性表）的最大元素“6”已经到达表的底部，它已经到达了它在有序表中应有的位置。

第一遍的从前往后扫描的最后结果为（1，4，5，2，3，6）。

第一遍的从后往前扫描：由于数据元素“6”已经排好序，因此，现在的排序范围为（1，4，5，2，3）。先比较“3”和“2”，不需要交换。比较“2”和“5”，后面的元素小于前面的元素，这是一个逆序，互相交换。比较“2”和“4”，这是一个逆序，互相交换。比较“2”和“1”，不需要交换。此时，排序范围内（1，4，5，2，3）的最小元素“1”已经到达表头，它已经到达了它在有序表中应有的位置。第一遍的从后往前扫描的最后结果为（1，2，4，5，3，6）。

第二遍的排序过程略。

在最坏情况下，对长度为n的线性表排序，冒泡排序需要比较的次数为$n(n-1)/2$。

2. 快速排序法

在冒泡排序中，一次扫描只能确保最大的元素或最小的元素移到了正确位置，而未排序序列的长度可能只减少了1。快速排序（Quick Sort）是对冒泡排序方法的一种本质的改进。

(1) 快速排序法的思想

快速排序的基本思想是：在待排序的n个元素中取一个元素K（通常取第一个元素），以元素K作为分割标准，把所有小于K元素的数据元素都移到K前面，把所有大于K元素的数据元素都移到K后面。这样，以K为分界线，把线性表分割为两个子表，这称为一趟排序。然后，对K前后的两个子表分别重复上述过程。继续下去，直到分割的子表的长度为1为止，这时，线性表已经是排好序的了。

第一趟快速排序的具体做法是：附设两个指针low和high，它们的初值分别指向线性表的第一个元素（K元素）和最后一个元素。首先从high所指的位置向前扫描，找到第一个小于K元素的元素并与K元素互相交换。然后从low所指位置起向后扫描，找到第一个大于K元素的数据元素并与K元素交换。重复这两步，直到low=high为止。

(2) 快速排序法的例子

快速排序过程如图1-32所示。

初始状态	45	30	61	82	74	12	26	49
	↑ low							↑ high
high向左扫描	45	30	61	82	74	12	26	49
第一次交换后	26	30	61	82	74	12	45	49
	↑ low						↑ high	
low向右扫描	26	30	61	82	74	12	45	49
第二次交换后	26	30	45	82	74	12	61	49
high向左扫描并交换后	26	30	12	82	74	45	61	49
low向右扫描并交换后	26	30	12	45	74	82	61	49
				↑ low	↑ high			
high向左扫描	26	30	12	45	74	82	61	49

(a) 第一趟扫描过程

初始状态	45 30 61 82 74 12 26 49
第一趟排序后	[26 30 12] 45 [74 82 61 49]
第二趟排序后	[26] 26 [30] 45 [49 61] 74 [82]
第三趟排序后	12 26 30 45 49 [61] 74 82
排序结果	12 26 30 45 49 61 74 82

(b) 各趟排序之后的状态

图1-32 快速排序示例

初始状态下，low指针指向第一个元素45，high指针指向最后一个元素49。首先从high所指的位置向前扫描，找到第一个比45小的元素，即找到26时，26与45交换位置，此时low指针指向元素26，high指针指向元素45；然后从low所指位置起向后扫描，找到第一个比45大的元素，即找到61时，61与45交换位置，此时low指针指向元素45，high指针指向元素61；重复这两步，直到low=high为止。所以第一趟排序后的结果为（26，30，12，45，74，82，61，49）。

以后的排序方法与第一趟的扫描过程一样，直到最后的排序结构为有序序列为止。

快速排序的平均时间效率最佳，为$O(n\log_2 n)$，在最坏情况下，即每次划分，只得到一个子序列，时间效率为$O(n^2)$。

快速排序被认为是目前所有排序算法中最快的一种。但若初始序列有序或者基本有序时，快速排序蜕化为冒泡排序。

1.8.2 插入类排序法

学习提示

【理解】简单插入排序法和希尔排序法的思想

插入排序是每次将一个待排序元素，按其元素值的大小插入到前面已经排好序的子表中的适当位置，直到全部元素插入完成为止。

1. 简单插入排序法

(1) 简单插入排序法的思想

简单插入排序是把*n*个待排序的元素看成是一个有序表和一个无序表，开始时，有序表只包含一个元素，而无序表包含另外*n*-1个元素，每次取无序表中的第一个元素插入到有序表中的正确位置，使之成为增加一个元素的新的有序表。插入元素时，插入位置及其后的记录依次向后移动。最后有序表的长度为n，而无序表为空，此时排序完成。

（2）简单插入排序法的例子

简单插入排序过程如图1-33所示。图中方括号“[ ]”内为有序的子表，方括号“[ ]”外为无序的子表，每次从无序子表中取出第一个元素插入到有序子表中。

[初始]	[48] 37 65 96 75 12 26 49
i=2	[37 48] 65 96 75 12 26 49
i=3	[37 48 65] 96 75 12 26 49
i=4	[37 48 65 96] 75 12 26 49
i=5	[37 48 65 75 96] 12 26 49
i=6	[12 37 48 65 75 96] 26 49
i=7	[12 26 37 48 65 75 96] 49
i=8	[12 26 37 48 49 65 75 96]

图1-33 简单插入排序过程

开始时，有序表只包含一个元素48，而无序表包含另外其他7个元素。

当i=2时，即把第2个元素37插入到有序表中，37比48小，所以在有序表中的序列为[37，48]；

当i=3时，即把第3个元素65插入到有序表中，65比前面2个元素大，所以在有序表中的序列为[37，48，65]；

当i=4时，即把第4个元素96插入到有序表中，96比前面3个元素大，所以在有序表中的序列为[37，48，65，96]；

当i=5时，即把第5个元素75插入到有序表中，75比前面3个元素大，比96小，所以在有序表中的序列为[37，48，65，75，96]；

依次类推，直到所以的元素都插入到有序序列中。

在最好情况下，即初始排序序列就是有序的情况下，简单插入排序的比较次数为n-1次，移动次数为0次。

在最坏情况下，即初始排序序列是逆序的情况下，比较次数为$n(n-1)/2$，移动次数为$n(n-1)/2$。假设待排序的线性表中的各种排列出现的概率相同，可以证明，其平均比较次数和平均移动次数都约为$n^2/4$，因此直接插入排序算法的时间复杂度为$O(n^2)$。

在简单插入排序中，每一次比较后最多移掉一个逆序，因此，这种排序方法的效率与冒泡排序法相同。

2. 希尔排序法

希尔排序（Shell Sort）又称为“缩小增量排序”，它也是一种插入类排序的方法，但在时间效率上较简单插入排序有较大的改进。

（1）希尔排序法的思想

希尔排序的基本思想是：先取一个整数（称为增量）$d_1<n$，把全部数据元素分成d_1个组，所有距离为d_1倍数的元素放在一组中，组成了一个子序列，对每个子序列分别进行简单插入排序。然后取$d_2<d_1$重复上述分组和排序工作；直到$d_i=1$，即所有记录在一组中为止。

一方面，简单插入排序在线性表初始状态基本有序时，排序时间较少。另一方面，当n值较小时，n和n差别也较小。希尔排序开始时增量较大，分组较多，每组的数据元素数目较少，故在各组内采用简单插入排序较快，后来增量d_i逐渐缩小，分组数减少，各组的记录数增多，但由于已经按d_i-1分组排序，线性表比较接近有序状态，所以新的一趟排序过程也较快。

d_i有各种不同的取法，例如，一般取$d_1=n/2$，$d_{i+1}=d_i/2$。

希尔排序的时间效率与所取的增量序列有关，如果增量序列为：

$d_1=n/2$，$d_{i+1}=d_i/2$（n为等待排序序列的元素个数）。

则在最坏情况下，希尔排序所需要的比较次数为$O(n^{1.5})$。

（2）希尔排序法的例子

希尔排序过程如图1-34所示。

此序列共有10个数据，即n=10，则增量d_1=10/2=5，将所有距离为5倍数的元素放在一组中，组成了一个子序列，即各子序列为（48，13）、（37，26）、（64，50）、（96，54）、（75，5），对各子序列进行从小到大的排序后，得到第一趟排序结果（13，26，50，54，5，48，37，64，96，75）。

接着增量d_2=d_1/2=5/2=2，将所有距离为2倍数的元素放在一组中，组成了一个子序列，即各子序列为（13，54，37，75）、（26，5，64）、（50，48，96），对各子序列进行从小到大的排序后，得到第二趟排序结果（13，5，48，37，26，50，54，64，96，75）。

以此类推，直到得到最终结果。

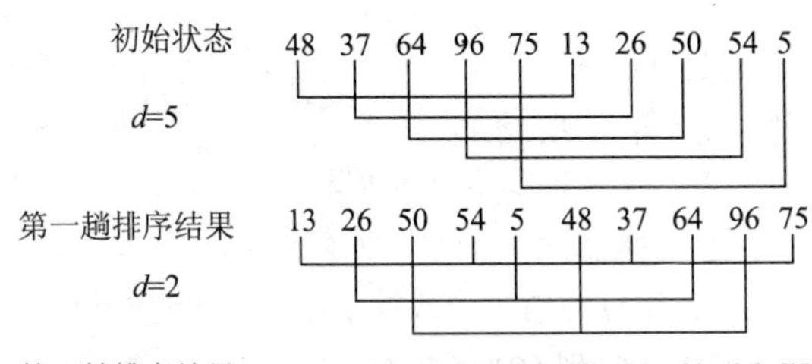

第二趟排序结果 13 5 48 37 26 50 54 64 96 75
第三趟排序结果 13 5 26 37 48 50 54 64 96 75
第四趟排序结果 5 13 26 37 48 50 54 64 75 96

图1-34 希尔排序过程

1.8.3 选择类排序法

【理解】简单选择排序法的思想

选择排序的基本思想是通过每一趟从待排序序列中选出值最小的元素，顺序放在已排好序的有序子表的后面，直到全部序列满足排序要求为止。本小节介绍简单选择排序法和堆排序法。

1. 简单选择排序法

简单选择排序（Simple Selection Sort）的基本思想是：首先从所有n个待排序的数据元素中选择最小的元素，将该元素与第1个元素交换，再从剩下的n-1个元素中选出最小的元素与第2个元素交换。

重复这样的操作直到所有的元素有序为止。

对初始状态为（73，26，41，5，12，34）的序列进行简单选择排序过程如图1-35所示。图中方括号“[ ]”内为有序的子表，方括号“[ ]”外为无序的子表，每次从无序子表中取出最小的一个元素加入到有序子表的末尾。步骤如下：

73	26	41	5	12	34
[5]	73	26	41	12	34
[5	12]	73	26	41	34
[5	12	26]	73	41	34
[5	12	26	34]	73	41
[5	12	26	34	41]	73
[5	12	26	34	41	73]

图1-35 简单选择排序

从这6个元素中选择最小的元素5，将5与第1个元素交换，得到有序序列[5]；

从剩下的5个元素中挑出最小的元素12，将12与第2个元素交换，得到有序列[5，12]；

从剩下的4个元素中挑出最小的元素26，将26与第3个元素交换，得到有序序列[5，12，26]；

以此类推，直到所以的元素都有序地排列到有序的子表中。

简单选择排序法在最坏的情况下需要比较n（n-1）/2次。

2. 堆排序法

堆排序属于选择类的排序方法。

（1）堆的定义

若有n个元素的序列（h_1，h_2，…，h_n），将元素按顺序组成一棵完全二叉树，当且仅当满足下列条件时称为堆。

$$
①\begin{cases} h_i \geqslant h_{2i} \\ h_i \geqslant h_{2i+1} \end{cases} \quad 或者 \quad ②\begin{cases} h_i \leqslant h_{2i} \\ h_i \leqslant h_{2i+1} \end{cases}
$$

其中，$i = 1, 2, 3, \cdots, n/2$。

①情况称为大根堆，所有结点的值大于或等于左右子结点的值。②情况称为小根堆，所有结点的值小于或等于左右子结点的值。本节只讨论大根堆的情况。

例如，序列（91，85，53，36，47，30，24，12）是一个堆，则它对应的完全二叉树如图1-36所示。

图1-36　堆顶元素为最大的堆

（2）调整建堆

在调整建堆的过程中，总是将根结点值与左、右子树的根结点进行比较，若不满足堆的条件，则将左、右子树根结点值中的大者与根结点值进行交换，这个调整过程从根节点开始一直延伸到所有叶子结点，直到所有子树均为堆为止。

假设图1-37(a)是某完全二叉树的一棵子树。在这棵子树中，根结点47的左、右子树均为堆，为了将整个子树调整成堆，首先将根结点47与其左、右子树的根结点进行比较，此时由于左子树根结点91大于右子树根结点53，且它又大于根结点47，因此，根据堆的条件，应将元素47与91交换，如图1-37(b)所示。经过一次交换后，破坏了原来左子树的堆结构，需要对左子树再进行调整，将元素85与47进行交换，调整后的结果如图1-37(c)所示。

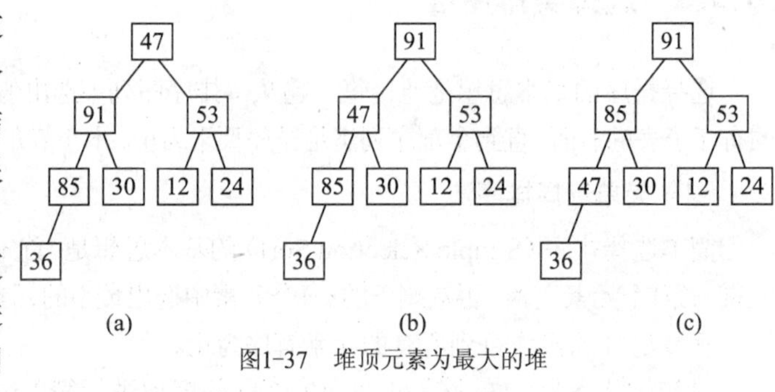

图1-37　堆顶元素为最大的堆

（3）堆排序

首先将一个无序序列建成堆，然后将堆顶元素与堆中的最后一个元素交换。不考虑已经换到最后的那个元素，将剩下的n-1个元素重新调整为堆，重复执行此操作，直到所有元素有序为止。

对于数据元素较少的线性表来说，堆排序的优越性并不明显，但对于大量的数据元素来说，堆排序是很有效的。

堆排序最坏情况需要$O(n\log_2 n)$次比较。

1.8.4 排序方法比较

【熟记】各种排序方法的时间复杂度

综合比较本节介绍的3类，共6种排序方法的时间和空间复杂度，结果见表1-6。

表1-6　常用排序方法时间、空间复杂度比较

方法	平均时间	最坏情况时间	辅助存储
冒泡排序	$O(n^2)$	$O(n^2)$	$O(1)$
简单插入排序	$O(n^2)$	$O(n^2)$	$O(1)$
简单选择排序	$O(n^2)$	$O(n^2)$	$O(1)$
快速排序	$O(n\log_2 n)$	$O(n^2)$	$O(\log_2 n)$
堆排序	$O(n\log_2 n)$	$O(n\log_2 n)$	$O(1)$

上表中未包括希尔排序，因为希尔排序的时间效率与所取的增量序列有关，如果增量序列为：

$d_1=n/2$，$d_{i+1}=d_i/2$ （n为等待排序序列的元素个数）。

则在最坏情况下，希尔排序所需要的比较次数为$O(n^{1.5})$。

不同的排序方法各有优缺点，可根据需要运用到不同的场合。

选取排序方法时需要考虑的因素有：待排序的序列长度n；数据元素本身的大小；关键字的分布情况；对排序的稳定性的要求；语言工具的条件；辅助空间的大小等。

根据这些因素，可以得出以下几点结论。

- 如果n较小，可采用插入排序和选择排序。由于简单插入排序所需数据元素的移动操作比简单选择排序多，因而当数据元素本身信息量较大时，用简单选择排序方法较好。
- 如果文件的初始状态已是基本有序，则最好选用简单插入排序或者冒泡排序。
- 如果n较大，则应选择快速排序或者堆排序，快速排序是目前内部排序方法中性能最好的，当待排序的序列是随机分布时，快速排序的平均时间最少，但堆排序所需的辅助空间要少于快速排序，并且不会出现可能出现的最坏情况。

课后总复习

一、选择题

1. 下列叙述中正确的是（　）。

A）算法的执行效率与数据的存储结构无关

B）算法的空间复杂度是指算法程序中指令（或语句）的条数

C）算法的有穷性是指算法必须能执行有限个步骤之后终止

D）以上3种描述都不对

2. 下列关于算法的时间复杂度叙述正确的是（　）。

A）算法的时间复杂度是指执行算法程序所需要的时间

B）算法的时间复杂度是指算法程序的长度

C）算法的时间复杂度是指算法执行过程中所需要的基本运算次数

D）算法的时间复杂度是指算法程序中的指令条数

3. 以下数据结构中不属于线性数据结构的是（　）。

A）队列　　B）线性表　　C）二叉树　　D）栈

4. 数据的存储结构是指（　）。

A）存储在外存中的数据　　B）数据所占的存储空间量

C）数据在计算机中的顺序存储方式　　D）数据的逻辑结构在计算机中的表示

5. 下列叙述中正确的是（　）。

A）一个逻辑数据结构只能有一种存储结构

B）数据的逻辑结构属于线性结构，存储结构属于非线性结构

C）一个逻辑数据结构可以有多种存储结构，且各种存储结构不影响数据处理的效率

D）一个逻辑数据结构可有多种存储结构，且各种存储结构影响数据处理的效率

6. 下列叙述中正确的是（ ）。

A）线性链表是线性表的链式存储结构　　B）栈与队列是非线性结构

C）双向链表是非线性结构　　D）只有根结点的二叉树是线性结构

7. 下列关于栈的叙述正确的是（ ）。

A）在栈中只能插入数据　　B）在栈中只能删除数据

C）栈是先进先出的线性表　　D）栈是先进后出的线性表

8. 下列关于栈的描述中错误的是（ ）。

A）栈是先进后出的线性表　　B）栈只能顺序存储

C）栈具有记忆作用　　D）对栈的插入与删除操作中，不需要改变栈底指针

9. 下列关于栈的描述正确的是（ ）。

A）在栈中只能插入元素而不能删除元素　　B）在栈中只能删除元素而不能插入元素

C）栈是特殊的线性表，只能在一端插入或删除元素　　D）栈是特殊的线性表，只能在一端插入元素，而在另一端删除元素

10. 按照“后进先出”原则组织数据的数据结构是（ ）。

A）队列　　B）栈　　C）双向链表　　D）二叉树

11. 下列对于线性链表的描述中正确的是（ ）。

A）存储空间不一定是连续，且各元素的存储顺序是任意的

B）存储空间不一定是连续，且前件元素一定存储在后件元素的前面

C）存储空间必须连续，且前件元素一定存储在后件元素的前面

D）存储空间必须连续，且各元素的存储顺序是任意的

12. 下列叙述中正确的是（ ）。

A）线性链表是线性表的链式存储结构　　B）栈与队列是非线性结构

C）双向链表是非线性结构　　D）只有根结点的二叉树是线性结构

13. 以下数据结构中不属于线性数据结构的是（ ）。

A）队列　　B）线性表　　C）二叉树　　D）栈

14. 在一棵二叉树上第5层的结点数最多是（ ）。

A）8　　B）16　　C）32　　D）15

15. 对如下图所示二叉树进行后序遍历的结果为（ ）。

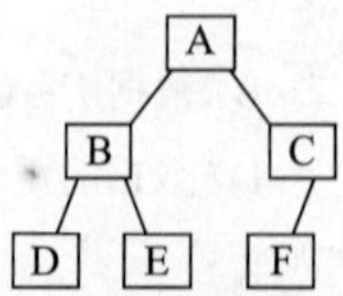

A）ABCDEF　　B）DBEAFC　　C）ABDECF　　D）DEBFCA

16. 在深度为7的满二叉树中，叶子结点的个数为（ ）。

A）32　　B）31　　C）64　　D）63

17. 下列数据结构中，能用二分法进行查找的是（ ）。

A）顺序存储的有序线性表 B）线性链表 C）二叉链表 D）有序线性链表

18. 对长度为n的线性表进行顺序查找，在最坏情况下所需要的比较次数为（ ）。

A）$\log_2 n$ B）$n/2$ C）n D）$n+1$

19. 对于长度为n的线性表，在最坏情况下，下列各排序法所对应的比较次数中正确的是（ ）。

A）冒泡排序为n^2 B）冒泡排序为n C）快速排序为n D）快速排序为$n(n-1)/2$

二、填空题

1. 算法的复杂度主要包括__________复杂度和空间复杂度。
2. 算法执行过程中所需要的存储空间称为算法的__________。
3. 问题处理方案的正确而完整的描述称为__________。
4. 数据的逻辑结构在计算机存储控件中的存放方式称为数据的__________。
5. 按照逻辑结构分类，数据结构可分为线性结构和非线性结构，二叉树属于__________。
6. 数据结构分为逻辑结构和存储结构，循环队列属于__________结构。
7. 某二叉树中度为2的结点有18个，则该二叉树中有__________个叶子结点。
8. 一棵二叉树第六层（根结点为第一层）的结点数最多为__________个。
9. 对长度为10的线性表进行冒泡排序，在最坏情况下需要比较的次数为__________。

学习效果自评

本章我们介绍了数据结构与算法的一些相关的概念，重点讲解了算法、数据结构、栈、二叉树的概念与性质、二叉树的遍历，这些都是以后学习的重点，对于书中的大部分概念只要做到理解就可以了。

掌握内容	重要程度	掌握要求	自评结果
算法	★★★	熟记算法的概念，时间复杂度和空间复杂度的概念	□不懂 □一般 □没问题
数据结构	★★	熟记数据结构的定义、分类，能区分线性结构与非线性结构	□不懂 □一般 □没问题
线性表及其顺序存储结构	★	了解线表性的基本概念	□不懂 □一般 □没问题
栈	★★★	理解栈的概念和特点，掌握栈的运算	□不懂 □一般 □没问题
队列	★★	理解队列的概念，掌握队列的运算	□不懂 □一般 □没问题
线性链表	★★★	熟记线性链表的概念和特点、顺序表和链表的优缺点	□不懂 □一般 □没问题
树与二叉树	★★★★★	熟记二叉树的概念及相关术语	□不懂 □一般 □没问题
	★★★★★	掌握二叉树的性质以及二叉树的3种遍历方法	□不懂 □一般 □没问题
查找技术	★★	理解顺序查找与二分法查找	□不懂 □一般 □没问题
排序技术	★★	掌握各种排序方法的基本思想以及它们的复杂度	□不懂 □一般 □没问题

NCRE 网络课堂 http://www.eduexam.cn/netschool/pub.html

教程网络课堂——数据结构与算法
教程网络课堂——树与二叉树
教程网络课堂——栈和队列
教程网络课堂——树的应用

第2章 程序设计基础

视频课堂

第1课	面向对象方法的基本概念 ● 对象（Object） ● 类（Class）和实例（Instance） ● 消息（Message） ● 继承（Inheritance） ● 多态性（Polymorphism）

章前导读

通过本章，你可以学习到：

◎进行程序设计时应该注意什么问题

◎结构化程序设计主要方法有哪些

◎什么是面向对象

本章评估		学习点拨
重 要 度	★★★★	本章主要介绍两种程序设计方法：结构化程序设计方法和面向对象方法。读者在学习的过程中要通过对相关概念的相互对照理解它们之间的区别和联系。
知识类型	理论	
考核类型	笔试	
所占分值	约4分	
学习时间	3课时	

本章学习流程图

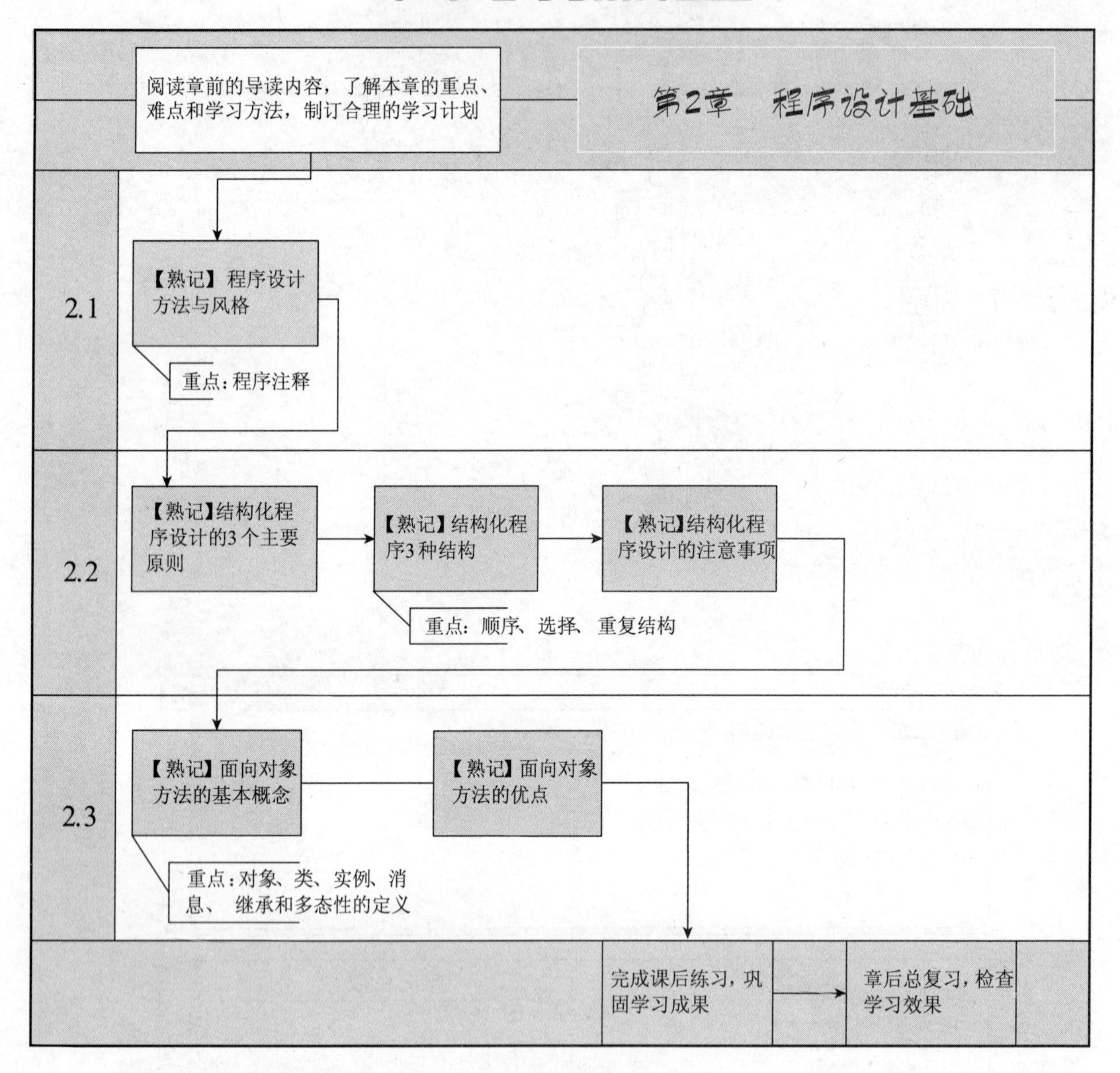
阅读章前的导读内容，了解本章的重点、难点和学习方法，制订合理的学习计划
第2章 程序设计基础
2.1
【熟记】程序设计方法与风格
重点：程序注释
2.2
【熟记】结构化程序设计的3个主要原则
【熟记】结构化程序3种结构
【熟记】结构化程序设计的注意事项
重点：顺序、选择、重复结构
2.3
【熟记】面向对象方法的基本概念
【熟记】面向对象方法的优点
重点：对象、类、实例、消息、继承和多态性的定义
完成课后练习，巩固学习成果
章后总复习，检查学习效果

2.1 程序设计方法与风格

程序设计	指设计、编制、调试程序的方法和过程。

需要注意的是，程序设计并不等同于通常意义上的编程。程序设计由多个步骤组成，编程只是程序设计整个过程中的一小步。

程序的质量主要受到程序设计的方法、技术和程序设计风格等因素的影响。本节主要介绍程序设计风格。

程序设计风格	指编写程序时所表现出的特点、习惯和逻辑思路。

良好的程序设计风格可以使程序结构清晰合理，程序代码便于维护，因此，程序设计风格深深地影响着软件的质量和维护。

学习提示

【熟记】程序设计风格的4个规范以及注释的分类

以下列举一些良好的程序设计风格，可以看作是程序设计时应遵循的一组规范：

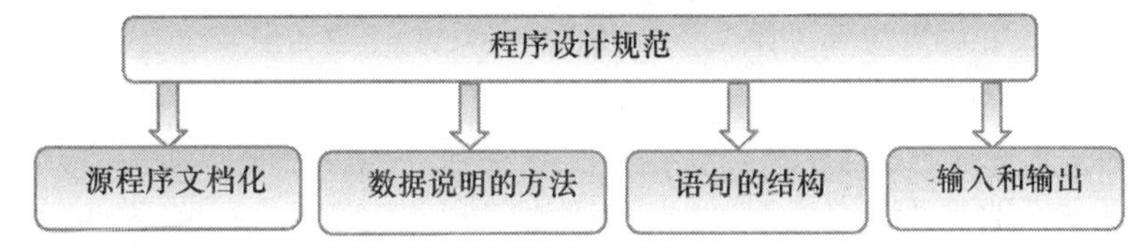

1. 源程序文档化

源程序文档化是指在源程序中可包含一些内部文档，以帮助阅读和理解源程序。

源程序文档化应考虑以下几点：符号名的命名、程序注释和视觉组织。

例如：

程序代码

```
/*①输出不同类型的数据，要使用不同的类型转换字符*/
main()
{ int num1=123;
  long  num2=123456;
  /*②用4种不同格式，输出int型数据num1的值*/
  print("num1=%d,num1=%5d\n", num1,num1);
  /*③用3种不同格式，输出long型数据num2的值*/
  printf("num2=%ld,num2=%8ld\n", num2,num2);
}
```

(1) 符号名的命名：符号名的命名应具有一定的实际含义，以便于对程序功能的理解。

如上面的程序段中，用num1和num2作为变量名，使我们容易理解这是两个数值。

(2) 程序注释：在源程序中添加正确的注释可帮助人们理解程序。

程序注释可分为序言性注释和功能性注释。

- 序言性注释位于程序的起始部分，说明整个程序模块的功能。它主要描述：程序标题、功能说明、主要的算法、模块接口、开发历史，包括程序设计者、复审者和复审日期、修改日期以及对修改的描述。

如上面的程序段中的第1条注释语句。

- 功能性注释一般嵌套在源程序体内，主要描述相关语句或程序段的功能。

如上面的程序段中的第2条和第3条注释语句。

(3) 视觉组织：通过在程序中添加一些空格、空行和缩进等，使人们在视觉上对程序的结构一目了然。

如上面的程序段中，加了一些空格、空行等，使我们对程序的结构一目了然。

2. 数据说明的方法

为使程序中的数据说明易于理解和维护，可采用下列数据说明的风格，见表2-1。

表2-1 数据说明风格

数据说明风格	详细说明
次序应规范化	使数据说明次序固定，使数据的属性容易查找，也有利于测试、排错和维护
变量安排有序化	当多个变量出现在同一个说明语句中时，变量名应按字母顺序排序，以便于查找
使用注释	在定义一个复杂的数据结构时，应通过注释来说明该数据结构的特点

3. 语句的结构

为使程序简单易懂，语句构造应该简单直接，每条语句都能直接了当地反映程序员的意图，不能为了提高效率而把语句复杂化。有关书写语句的原则有几十种，下面列出一些常用的。

- 应优先考虑清晰性，不要在同一行内写多个语句；
- 首先要保证程序正确，然后再要求提高速度；
- 尽可能使用库函数，避免采用复杂的条件语句；
- 要模块化，模块功能尽可能单一，即一个模块完成一个功能；
- 不要修补不好的程序，要重新编写，避免因修改带来的新问题。

4. 输入和输出

输入和输出信息是用户直接关心的，系统能否被用户接受，往往取决于输入和输出的风格。输入和输出的方式和格式要尽量方便用户使用，无论是批处理，还是交互式的输入和输出，都应考虑下列原则：

- 对所有的输入数据都要进行检验，确保输入数据的合法性；
- 输入数据时，应允许使用自由格式，应允许缺省值；
- 输入一批数据后，最好使用输入结束标志；
- 在采用交互式输入/输出方式进行输入时，在屏幕上使用提示符明确提示输入的请求，同时在数据输入过程中和输入结束时，应在屏幕上给出状态信息；
- 当程序设计语言对输入格式有严格要求时，应保持输入格式与输入语句的一致性；
- 给所有的输出加注释，并设计良好的输出报表格式。

2.2 结构化程序设计

由于软件危机的出现，人们开始研究程序设计方法，其中最受关注的是结构化程序设计方法，它引入了工程思想和结构化思想，使大型软件的开发和编制都得到了极大的改善。

本节主要讲解结构化程序设计的原则、基本结构和方法的应用。

2.2.1 结构化程序设计方法的重要原则

【熟记】结构化程序设计的4个原则

结构化程序设计方法的重要原则是自顶向下、逐步求精、模块化及限制使用goto语句。

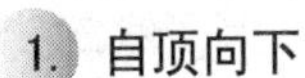

1. 自顶向下

程序设计时，应先考虑总体，后考虑细节；先考虑全局目标，后考虑局部目标。

例如，我们写文章时，首先写提纲，将文章分为3段，第1段写开场白；第2段写正文，摆道理，举事实；第3段总结归纳，得出结论。

2. 逐步求精

对复杂问题，应设计一些子目标做过渡，逐步细化。

3. 模块化

一个复杂的问题是由若干个简单的问题构成的，模块化就是把程序要解决的总目标分解为分目标，再进一步分解为具体的小目标，把每个小目标称为一个模块。

例如，我们把吃西瓜作为一个问题来解决，首先就是把西瓜切成若干小块，即把问题分成若干个小模块，然后逐个解决。这就是模块化的方法。

4. 限制使用goto语句

针对程序中大量地使用goto语句，导致程序结构混乱的现象，E. W. Dijkstra于1965年提出在程序语言中取消goto语句，从而引起了对goto语句的争论。这一争论一直持续到20世纪70年代初，最后的结论是：

- 滥用goto语句确实有害，应尽量避免；
- 完全避免使用goto语句也并非是明智的方法，有些地方使用goto语句，会使程序的可读性和效率更高；
- 争论的焦点不应该放在是否取消goto语句，而应该放在用什么样的结构上。

2.2.2 结构化程序的基本结构与特点

【熟记】结构化程序的3种结构

1966年，Boehm与Jacopini证明了程序设计语言仅仅使用“顺序结构”、“选择结构”和“重复结构”3种基本结构就足以表达各种其他形式结构的程序设计方法。它们的共同特征是：严格地只有一个入口和一个出口。

1. 顺序结构

顺序结构是指按照程序语句行的先后顺序，自始至终一条语句一条语句地顺序执行，它是最简单也是最常用的基本结构。如图2-1所示，虚线框内就是一个顺序结构，在执行A中的运算后，必然执行B中的运算，然后执行C中的运算，没有分支，也没有转移和重复。

例如：

程序代码

```
main()
   {
     int a,b,sum;
     a=123,b=456;
     sum=a+b;                      /*计算a与b的和*/
     printf("sum is %d\n",sum); /*输出sum的值*/
   }
```

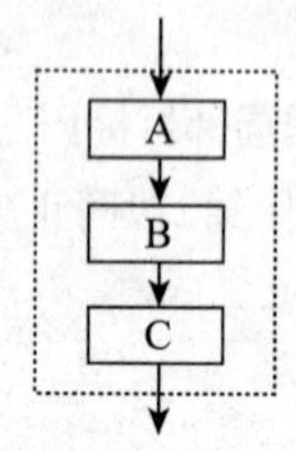

图2-1 顺序结构

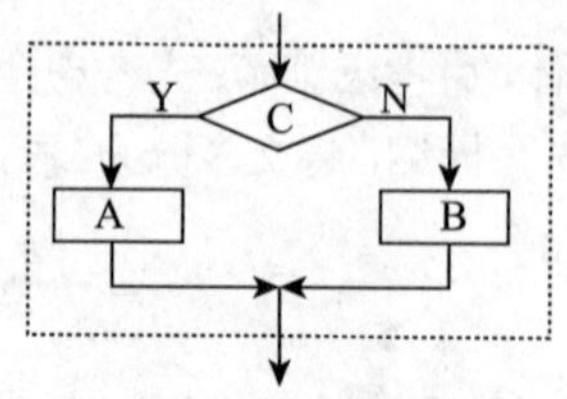

图2-2 简单选择结构

首先运算求*a*与*b*的和，接着输出sum的值，它们是按顺序执行的，这就是典型的顺序结构。

2. 选择结构（IF…ELSE结构）

选择结构又称分支结构，简单选择结构和多分支选择结构都属于这类基本结构。图2-2虚线框内是一个简单选择结构。根据条件C判断，若成立则执行A中的运算，若不成立则执行B中的运算。

A分支和B分支都有机会被执行到，但对于一次具体的执行，只能执行其中之一，不可能既执行A，又执行B。

例如：

程序代码

```
#include
void main( )
      { int n;
        printf("Please input the score: ");
        scanf("%d", &n);                    /*给变量n赋值*/
        if (n < 60)                          /*判断变量n的值是否小于60*/
            { printf("不及格\n");  }
        else {    printf("及格了\n");   }
      }
```

当输入score后，对score的值进行判断，如果小于60，则输出“不及格”，如果大于或等于60，则输出“及格了”。

3. 重复结构（WHILE型或UNTIL型结构）

重复结构又称循环结构，可根据给定条件，判断是否需要重复执行某一部分相同的运算（循环体）。利用重复结构可以大大简化程序的语句，有两类主要的循环结构：

(1) 当型（WHILE型）循环结构

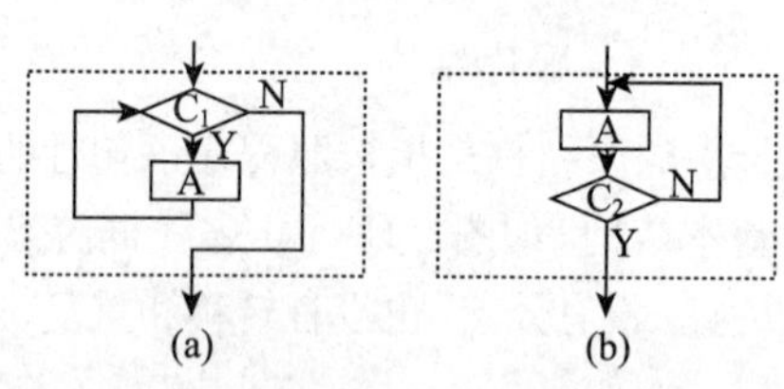

图2-3 两种重复结构

如图2-3 (a) 所示，当型（WHILE型）循环结构是先判断后执行循环体。当条件C_1成立时，执行循环体（A运算），然后再判断条件C_1，如果仍然成立，再执行A，如此重复，直到条件C_1不成立为止，此时不再执行A运算，程序退出循环结构，执行后面的运算。如果第一次判断，条件C_1就不成立，循环体A运算将一次也不执行。

例如：

程序代码

```
main()
    {
      int i,sum=0;
      i=1;
      while(i<=100)          /*循环i的值,判断i是否小于或等于100*/
      {    sum=sum+i;        /*循环计算,累加*/
           i++;  }
      printf("%d",sum);
    }
```

首先判断*i*是否小于或等于100，如果成立则进行循环体运算，即累加；如果不成立，则跳出循环体，输出结果。

（2）直到型（UNTIL型）循环结构

如图2-3（b）所示，直到型（UNTIL型）循环结构是先执行一次循环体（A运算），然后判断条件C_2是否成立。如果条件C_2不成立，则再执行A，然后再对条件C_2作判断，如此重复，直到C_2条件成立为止，此时不再执行A运算，程序退出循环结构，执行后面的运算。直到型（UNTIL型）循环结构，无论给定的判断条件成立与否，循环体（A运算）至少执行了一次。

总之，遵循结构化程序的设计原则，按结构化程序设计方法设计出的程序具有明显的优点：

- 程序易于理解、使用和维护。
- 提高了编程工作的效率，降低了软件开发成本。

请思考　?　直到型循环结构与当型循环结构的区别是什么？

2.2.3 结构化程序设计的注意事项

在结构化程序设计的具体实施中，要注意把握以下要素：

- 使用顺序、选择、循环等有限的控制结构表示程序的控制逻辑。
- 选用的控制结构只允许有一个入口和一个出口。
- 程序语句组成容易识别的功能模块，每个模块只有一个入口和一个出口。
- 复杂结构应该用嵌套的基本控制结构进行组合嵌套来实现。
- 语言中没有的控制结构，应该采用前后一致的方法来模拟。
- 严格控制goto语句的使用。

2.3 面向对象的程序设计

现在，面向对象方法已经发展为主流的软件开发方法。它历经了30多年的研究和发展，已经日益成熟和完善，应用也越来越深入和广泛。

本节主要介绍面向对象方法的一些基本概念及其优点。

2.3.1 面向对象方法的基本概念

学习提示

【熟记】面向对象的5个基本概念

面向对象方法的本质，就是主张从客观世界固有的事物出发的构造系统，提倡用人类在现实生活中常用的思维方法来认识、理解和描述客观事物。

关于面向对象方法，对其概念有许多不同的看法和定义，但是都涵盖对象及对象属性与方法、类、继承、多态性几个基本要素。

下面分别介绍面向对象方法中这几个重要的基本概念。

1. 对象（Object）

（1）对象的概念

对象	面向对象方法中最基本的概念。对象可以用来表示客观世界中的任何实体，它既可以是具体的物理实体的抽象，也可以是人为的概念，或者是任何有明确边界和意义的东西。

例如，书本、课桌、老师、电脑等都可看作是一个对象。

（2）对象的组成

面向对象的程序设计方法中涉及的对象是系统中用来描述客观事物的一个实体，是构成系统的一个基本单位，它由一组静态特征和它可执行的一组操作组成。

客观世界中的实体通常都既具有静态的属性，又具有动态的行为，因此面向对象方法中的对象是由该对象属性的数据以及可以对这些数据施加的所有操作封装在一起构成的统一体。

例如，一辆汽车是一个对象，它包含了汽车的属性（如颜色、型号等）及其操作（如启动、刹车等）。

属性即对象所包含的信息，它在设计对象时确定，一般只能通过执行对象的操作来改变。

例如，一个人的属性有姓名、年龄、体重等。

不同对象的同一属性可以具有不同的属性值。

例如，年龄这一属性可以有不同的属性值：张三的年龄为19，李四的年龄为20。

方法或服务	对象可以做的操作表示它的动态行为，在面向对象分析和面向对象设计中，通常把对象的操作也称为方法或服务。

（3）对象的基本特点

对象的基本特点归纳如下表2-2所示。

表2-2 对象的基本特点

特点	描述
标识唯一性	一个对象通常可由对象名、属性和操作3部分组成
分类性	指可以将具有相同属性和操作的对象抽象成类
多态性	指同一个操作可以是不同对象的行为，不同对象执行同一操作产生不同的结果
封装性	从外面看只能看到对象的外部特性，对象的内部对外是不可见的
模块独立性好	由于完成对象功能所需的元素都被封装在对象内部，所以模块独立性好

2. 类（Class）和实例（Instance）

类	具有共同属性、共同方法的对象的集合，是关于对象的抽象描述，反映属于该对象类型的所有对象的性质。

实例	一个具体对象则是其对应类的一个实例。

要注意的是：“实例”这个术语，必然是指一个具体的对象。“对象”这个术语，则既可以指一个具体的对象，也

可以泛指一般的对象。因此，在使用“实例”这个术语的地方，都可以用“对象”来代替，而使用“对象”这个术语的地方，则不一定能用“实例”来代替。

例如，“大学生”是一个大学生类，它描述了所有大学生的性质。因此，任何大学生都是类“大学生”的一个对象（这里的“对象”不可以用“实例”来代替），而一个具体的大学生“张三”是类“大学生”的一个实例。

类是关于对象性质的描述，它同对象一样，包括一组数据属性和在数据上的一组合法操作。

例如，一个面向对象的图形程序在屏幕中间显示一个半径为5cm的黄颜色的圆，在屏幕右上角显示一个半径为2cm蓝颜色的圆。

这两个圆心位置、半径大小和颜色均不相同的圆，是两个不同的对象。但是它们都有相同的属性（圆心坐标、半径、颜色）和相同的操作（放大缩小半径等），因此，它们是同一类事物，可以用“Circle类”来定义。

请注意

当使用“对象”这个术语时，既可以指一个具体的对象，也可以泛指一般的对象，但是当使用“实例”这个术语时，必须是指一个具体的对象。

3. 消息（Message）

消息传递是对象间通信的手段，一个对象通过向另一对象发送消息来请求其服务。

消息机制统一了数据流和控制流。消息的使用类似于函数调用。通常一个消息由下述3部分组成：

- 接收消息的对象名称；
- 消息选择符（也称为消息名）；
- 零个或多个参数。

例如，SolidlLine是Line 类的一个实例（对象），端点1的坐标为（100，200），端点2的坐标为（150，150），当要求它以蓝色、实线型在屏幕上显示时，在C++语言中应该向它发送下列消息：

SolidlLine.Show（blue，Solid）；

其中：

SolidlLine是接收消息的对象名称；

Show是消息选择符（即消息名）；

小括号内的blue，Solid是消息的参数。

消息只告诉接收对象需要完成什么操作，但并不指示怎样完成操作。消息完全由接收者解释，独立决定采用什么方法来完成所需的操作。

一个对象能够接收不同形式、不同内容的多个消息；相同形式的消息可以送往不同的对象，不同的对象对于形式相同的消息可以有不同的解释，能够做出不同的反应。一个对象可以同时往多个对象传递消息，两个对象也可以同时向某一个对象传递消息。消息传递如图2-4所示。

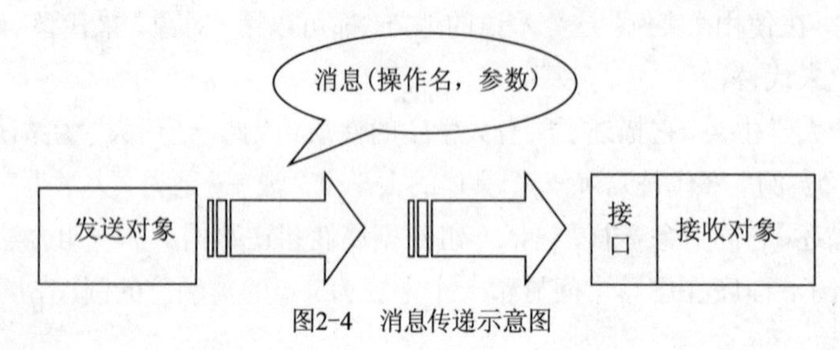

图2-4　消息传递示意图

4. 继承(Inheritance)

(1) 类的继承

继承	广义地说，继承是指能够直接获得已有的性质和特征，而不必重复地定义它们。

面向对象软件技术的许多强有力的功能和突出的优点，都来源于把类组成一个层次结构的系统（类等级）：一个类的上层可以有父类，下层可以有子类。这种层次结构系统的一个重要性质是继承性，一个子类直接继承其父类的全部描述（数据和操作），这些属性和操作在子类中不必定义，此外，子类还可以定义它自己的属性和操作。

例如，"四边形"类是"矩形"类的父类，"四边形"类可以有"顶点坐标"等属性，有"移动"、"旋转"、"求周长"等操作。而"矩形"类除了继承"四边形"类的属性和操作外，还可定义自己的属性和操作，"长"、"宽"等属性和"求面积"等操作。继承机制如图2-5所示。

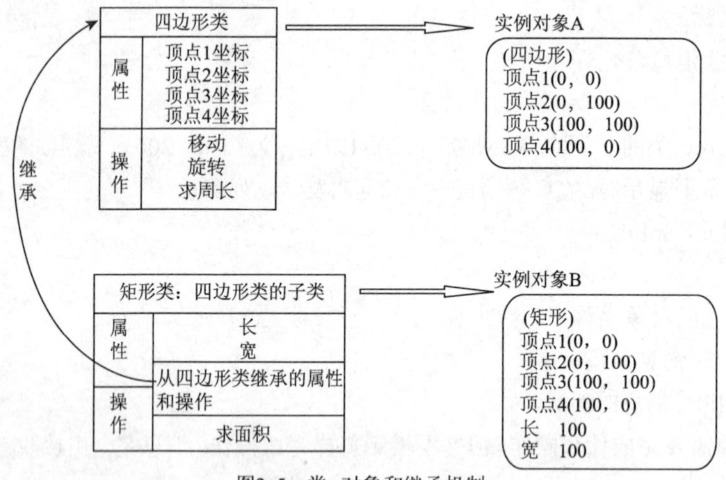

图2-5　类、对象和继承机制

(2) 继承的传递性

继承具有传递性，如果类Z继承类Y，类Y继承类X，则类Z继承类X。因此，一个类实际上继承了它上层的全部基类的特性，也就是说，属于某类的对象除了具有该类定义的特性外，还具有该类上层全部基类定义的特性。

单继承	一个子类只有唯一的一个父类，这种继承称为单继承。

多重继承	一个子类也可以有多个父类，它可以从多个父类中继承特性，这种继承称为多重继承。

例如，"水陆两用交通工具"类既继承"陆上交通工具"类的特性，又继承"水上交通工具"类的特性。

(3) 继承的优点

继承的优点是：相似的对象可以共享程序代码和数据结构，从而大大减少了程序中的冗余信息，提高软件的可重用性，便于软件修改维护。另外，继承性使得用户在开发新的应用系统时，不必完全从零开始，可以继承原有的相似系统的功能或者从类库中选取需要的类，再派生出新类以实现所需的功能。

5. 多态性(Polymorphism)

多态性	对象根据所接收的消息而做出动作，同样的消息被不同的对象接收时可导致完全不同的行为，该现象称为多态性。

在面向对象的软件技术中，多态性是指子类对象可以像父类对象那样使用，同样的消息既可以发送给父类对象也可以发送给子类对象。

在一般类“polygon”(多边形)中定义了一个方法 “Show” 显示自身，但并不确定执行时到底画一个什么图形。特殊类square和类rectangle都继承了polygon类的显示操作，但其实现的结果却不同，把名为Show的消息发送给一个rectangle类的对象是在屏幕上画矩形，而将同样消息名的消息发送给一个square类的对象则是在屏幕上画一个正方形。如图2-6所示，这就是多态性的表现。

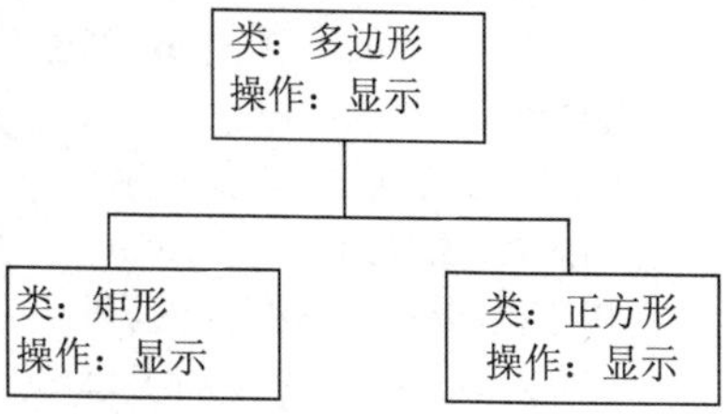

类：多边形
操作：显示

类：矩形
操作：显示

类：正方形
操作：显示

图2-6　多态性

多态性机制不仅增强了面向对象软件系统的灵活性，进一步减少了信息冗余，而且显著提高了软件的可重用性和可扩充性。

2.3.2 面向对象方法的优点

- 与人类习惯的思维方法一致。
- 稳定性好。
- 可重用性好。
- 容易开发大型软件产品。
- 可维护性好。

课后总复习

一、选择题

1. 下列叙述中正确的是(　)。
   A) 程序设计就是编制程序
   B) 程序的测试必须由程序员自己去完成
   C) 程序经调试改错后还应进行再测试
   D) 程序经调试改错后不必进行再测试
2. 下面描述中，符合结构化程序设计风格的是(　)。
   A) 使用顺序，选择和重复(循环)三种基本控制结构表示程序的控制结构
   B) 模块只有一个入口，可以有多个出口
   C) 注意提高程序的执行效率
   D) 不使用goto语句

3. 结构化程序设计的一种基本方法是（ ）。

A）筛选法　B）递归法　C）归纳法　D）逐步求精法

4. 下列选项中不属于结构化程序设计方法的是（ ）。

A）自顶向下　B）逐步求精　C）模块化　D）可复用

5. 下面概念中，不属于面向对象方法的是（ ）。

A）对象　B）继承　C）类　D）过程调用

6. 在面向对象方法中，一个对象请求另一个对象为其服务的方式是通过发送（ ）。

A）消息　B）调用语句　C）命令　D）口令

7. 在软件工程学中，我们把一组具有相同的数据结构和相同的行为特征的对象的集合定义为（ ）。

A）对象　B）消息　C）类　D）属性

二、填空题

1. 在面向对象方法中，类的实例称为________。
2. 在面向对象方法中，________描述的是具有相似属性与操作的一组对象。
3. 结构化程序设计的3种基本逻辑结构为顺序、选择和________。
4. 在面向对象方法中，类之间共享属性和操作的机制称为________。

学习效果自评

学完本章，相信大家对“面向对象”的基础知识有了初步的了解，本章内容并不是很多，在考试中涉及的内容也很少，做到熟记知识点即可。下表是我们对本章比较重要的知识点进行的一个小结，大家可以用来检查一下自己对这些知识点的掌握情况。

掌握内容	重要程度	掌握要求	自评结果
程序设计的风格	★	熟记程序设计的4种规范及注释的相关概念	□不懂 □一般 □没问题
结构化程序设计的原则	★★	熟记结构化程序设计的3个原则	□不懂 □一般 □没问题
结构化程序的基本结构	★★	熟记结构化程序的基本结构的3种类型	□不懂 □一般 □没问题
面向对象方法的基本概念	★★★★	熟记对象、类、实例、消息、继承、多态性的概念	□不懂 □一般 □没问题

NCRE 网络课堂　http://www.eduexam.cn/netschool/pub.html

教程网络课堂——程序设计基础　　教程网络课堂——面向对象的程序设计

第3章 软件工程基础

视频课堂

第1课	软件工程基本概念 ● 软件的定义及软件的特点 ● 软件工程过程 ● 软件生命周期	第2课	结构化设计方法 ● 软件设计概述 ● 概要设计 ● 详细设计
第3课	软件测试与调试 ● 软件测试的目的和准则 ● 软件测试方法 ● 白盒测试的测试用例设计 ● 黑盒测试的测试用例设计 ● 软件测试的实施 ● 程序调试的基本概念		

章前导读

通过本章，你可以学习到：

◎软件、软件工程及软件生命周期的定义是什么
◎结构化分析方法的常用工具有哪些
◎结构化设计方法的基本原理与原则是什么
◎软件测试的目的以及软件调试的任务是什么

本章评估		学习点拨
重 要 度	★★★★	本章主要介绍软件设计的基础知识，以及结构化分析方法、结构化设计方法等。读者在学习过程中要通过对相关概念的相互对照理解它们之间的区别和联系。
知识类型	理论	
考核类型	笔试	
所占分值	约6分	
学习时间	6课时	

本章学习流程图

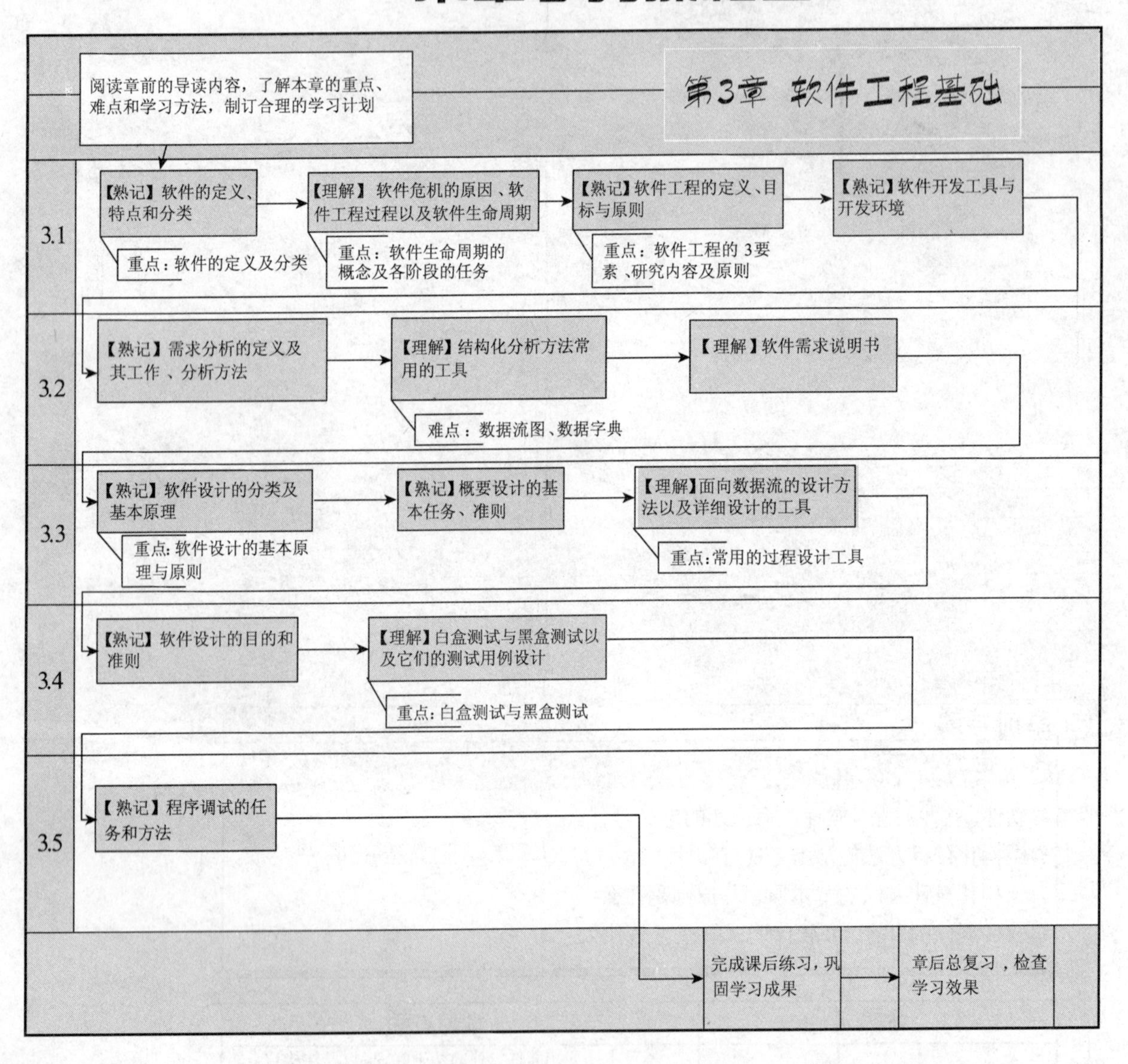

第3章 软件工程基础
阅读章前的导读内容，了解本章的重点、难点和学习方法，制订合理的学习计划
3.1
【熟记】软件的定义、特点和分类
重点：软件的定义及分类
【理解】软件危机的原因、软件工程过程以及软件生命周期
重点：软件生命周期的概念及各阶段的任务
【熟记】软件工程的定义、目标与原则
重点：软件工程的3要素、研究内容及原则
【熟记】软件开发工具与开发环境
3.2
【熟记】需求分析的定义及其工作、分析方法
【理解】结构化分析方法常用的工具
难点：数据流图、数据字典
【理解】软件需求说明书
3.3
【熟记】软件设计的分类及基本原理
重点：软件设计的基本原理与原则
【熟记】概要设计的基本任务、准则
【理解】面向数据流的设计方法以及详细设计的工具
重点：常用的过程设计工具
3.4
【熟记】软件设计的目的和准则
【理解】白盒测试与黑盒测试以及它们的测试用例设计
重点：白盒测试与黑盒测试
3.5
【熟记】程序调试的任务和方法
完成课后练习，巩固学习成果
章后总复习，检查学习效果

3.1 软件工程基本概念

本节将从软件定义展开阐述软件的基本特点、软件危机以及软件工程，详细讲解软件的生命周期，进一步了解软件工程。

3.1.1 软件的定义及软件的特点

学习提示

【熟记】软件的定义、特点及分类

1. 软件的定义

计算机软件由两部分组成。

- 一是机器可执行的程序和数据；
- 二是机器不可执行的，与软件开发、运行、维护、使用等有关的文档。

软件的构成见表3-1。计算机软件是由程序、数据及相关文档构成的完整集合，它与计算机硬件一起组成计算机系统。

表3-1 计算机软件各组成部分的含义

概念	含义
软件	程序、数据和文档
程序	软件开发人员依据用户需求开发的，用某种程序设计语言描述的，能够在计算机中执行的语句序列
数据	使程序能够正常操纵信息的数据结构
文档	与程序开发、维护和使用有关的资料

我国国家标准（简称国标，GB）中对计算机软件（Software）完整的定义是：

软件	与计算机系统操作有关的计算机程序、规程、规则，以及可能有的文件、文档及数据。

2. 软件的特点

软件具有以下特点。

（1）软件是一种逻辑实体，具有抽象性

软件区别于一般的、看得见摸得着的、属于物理实体的工程对象，人们只能看到它的存储介质，而无法看到它本身的形态。只有运用逻辑思维才能把握软件的功能和特性。

（2）软件没有明显的制作过程

硬件研制成功后，在重复制造时，要进行质量控制，才能保证产品合格；而软件一旦研制成功，就可以得到大量的、成本极低的，并且完整精确的拷贝。因此，软件的质量控制必须着重于软件开发。

（3）软件在使用期间不存在磨损、老化问题

软件价值的损失方式是很特殊的，软件会为了适应硬件、环境以及需求的变化而进行修改，而这些修改不可避免地引入错误，导致软件失效率升高，从而使得软件退化。当修改的成本变得难以接受时，软件就会被抛弃。

（4）对硬件和环境具有依赖性

软件的开发、运行对计算机硬件和环境具有不同程度的依赖性，这给软件的移植带来了新的问题。

（5）软件复杂性高，成本昂贵

软件涉及人类社会的各行各业、方方面面，软件开发常常涉及其他领域的专业知识。软件开发需要投入大量、

高强度的脑力劳动，成本高，风险大。现在软件的成本已大大地超过了硬件的成本。

（6）软件开发涉及诸多的社会因素

软件除了本身具有的复杂性以外，在开发过程中，涉及的社会因素也是非常复杂的。

3. 软件的分类

计算机软件按功能分为应用软件、系统软件、支撑软件（或工具软件）。

3种软件之间的联系如图3-1所示。

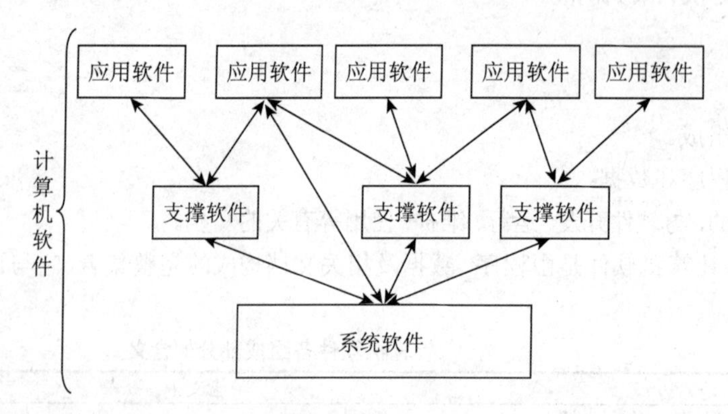

图3-1 计算机软件

（1）系统软件——是管理计算机的资源，提高计算机的使用效率，为用户提供各种服务的软件。

例如，操作系统（OS）、数据库管理系统（DBMS）、编译程序、汇编程序和网络软件等。系统软件是最靠近计算机硬件的软件。

（2）应用软件——为了应用于特定的领域而开发的软件。

例如，我们熟悉的Word 2003、Winamp、QQ和Flashget等软件属于应用软件。

（3）支撑软件——介于系统软件和应用软件之间，协助用户开发软件的工具型软件，其中包括帮助程序人员开发和维护软件产品的工具软件，也包括帮助管理人员控制开发进程和项目管理的工具软件。

例如，Dephi、PowerBuilder等。

3.1.2 软件危机

学习提示

【熟记】软件危机的原因

软件危机泛指在计算机软件的开发和维护过程中所遇到的一系列严重问题。这些问题绝不仅仅是不能正常运行的软件才具有的，实际上，几乎所有软件都不同程度地存在这些问题。

在软件开发和维护的过程中之所以存在这么多严重问题，主要原因有两种：

- 软件本身的特点，如复杂性高、规模庞大等；
- 人们对软件开发和维护有许多错误认识和做法，而且对软件的特性认识不足。

软件开发与维护的方法不正确是产生软件危机的主要原因。

3.1.3 软件工程

学习提示

【熟记】软件工程的定义及3个要素

【理解】软件工程的原则

1. 软件工程的定义

软件工程概念的出现源自软件危机。通过认真研究消除软件危机的途径，逐渐形成了一门新兴的工程学科——计算机软件工程学（简称为软件工程）。

国家标准（GB）中指出：

软件工程	应用于计算机软件的定义、开发和维护的一整套方法、工具、文档、实践标准和工序。

软件工程包含3个要素：方法、工具和过程。

方法：方法是完成软件开发各项任务的技术手段。

工具：工具支持软件的开发、管理、文档生成。

过程：过程支持软件开发的各个环节的控制、管理。

2. 软件工程的目标和研究内容

软件工程的目标是：在给定成本、进度的前提下，开发出具有有效性、可靠性、可理解性、可维护性、可重用性、可适应性、可移植性、可追踪性和可互操作性且满足用户需求的产品。

基于软件工程的目标，软件工程的理论和技术性研究的内容可分为两部分：软件开发技术和软件工程管理。它们各自包含的内容如图3-2所示。

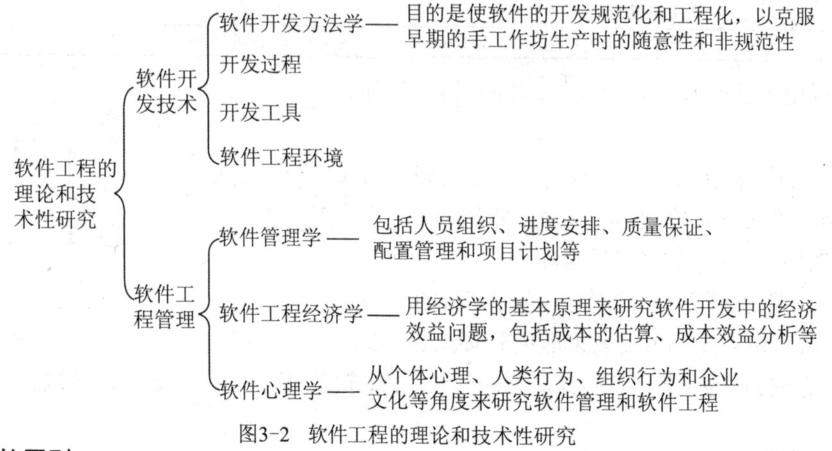

图3-2 软件工程的理论和技术性研究

3. 软件工程的原则

软件工程发展到现在，已经总结出若干基本原则，所有的软件项目都应遵循这些原则，以达到软件工程的目标。软件工程原则包括抽象、信息隐蔽、模块化、局部化、确定性、一致性、完备性和可验证性。具体描述如表3-2所示。

表3-2 软件工程原则

软件工程原则	原则具体描述
抽象	采用分层次抽象、自顶向下、逐层细化的办法控制软件开发过程的复杂性
信息隐蔽	将模块设计成“黑箱”，实现的细节隐藏在模块内部，不让模块的使用者直接访问。这就是信息封装，使用与实现分离的原则
模块化	模块化有助于信息隐蔽和抽象，有助于表示复杂的系统

续表

软件工程原则	原则具体描述
局部化	要求在一个物理模块内集中逻辑上相互关联的计算机资源，保证模块之间具有松散的耦合关系，模块内部具有较强的内聚，这有助于控制分解的复杂性
确定性	软件开发过程中所有概念的表达应是确定的、无歧义的、规范的
一致性	整个软件系统的各个模块应使用一致的概念、符号和术语；程序内外部接口应保持一致；软件和硬件、操作系统的接口应保持一致；系统规格说明与系统行为应保持一致
完备性	软件系统不丢失任何重要成分，可以完全实现系统所要求的功能；为了保证系统的完备性，在软件开发和运行过程中需要严格的技术评审
可验证性	开发大型的软件系统需要对系统自顶向下、逐层分解。系统分解时应遵循系统易于检查、测试、评审的原则，以确保系统的正确性

3.1.4 软件工程过程

软件工程过程是为了获得高质量软件所需要完成的一系列任务的框架，它规定了完成各项任务的工作步骤。

软件工程过程	把输入转化为输出的一组彼此相关的资源和活动。

软件工程过程所进行的基本活动主要包含4种，如表3-3所示。

表3-3 软件工程的基本活动

活动名称	含义
软件规格说明	规定软件的功能及其运行时的限制
软件开发	产生满足规格说明的软件
软件确认	确认能够满足用户提出的要求
软件演进	为满足客户要求的变更，软件必须在使用的过程中不断演进

软件工程过程所使用的资源主要指人员、时间及软、硬件工具等。

从软件开发的观点看，软件工程过程是使用适当的资源为开发软件进行的一组开发活动，在过程结束时，将输入（用户要求）转化为输出（软件产品），如图3-3所示。

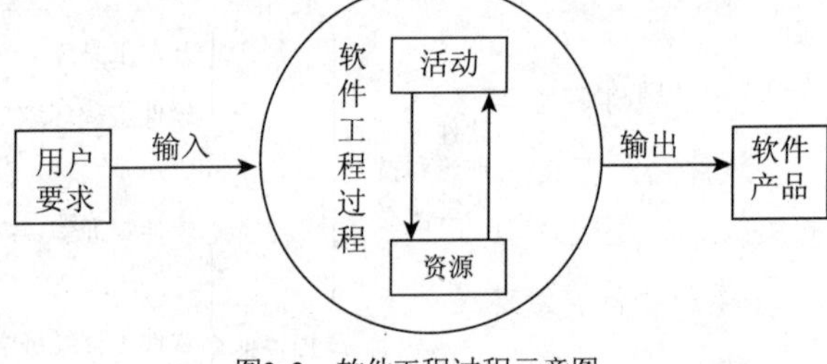

图3-3 软件工程过程示意图

软件工程的过程应确定运用方法的顺序、应该交付的文档资料、为保证软件质量和协调变化所需要采取的管理措施，以及软件开发各个阶段完成的任务。为了获得高质量的软件产品，软件工程过程必须科学、有效。

3.1.5 软件生命周期

【熟记】软件生命周期的定义、3个时期8个阶段以及各阶段的主要任务

1. 软件生命周期的概念

一个软件从定义、开发、使用和维护，直到最终被废弃而退役，要经历一个漫长的时期，这就如同一个人要经过胎儿、儿童、青年、中年和老年，直到最终死亡的漫长时期一样。

软件生命周期	通常把软件产品从提出、实现、使用、维护到停止使用、退役的过程称为软件生命周期。

软件生命周期分为3个时期共8个阶段。

① 软件定义期：包括问题定义、可行性研究和需求分析3个阶段；

② 软件开发期：包括概要设计、详细设计、实现和测试4个阶段；

③ 运行维护期：即运行维护阶段。

软件生命周期各个阶段的活动可以有重复，执行时也可以有迭代，如图3-4所示。

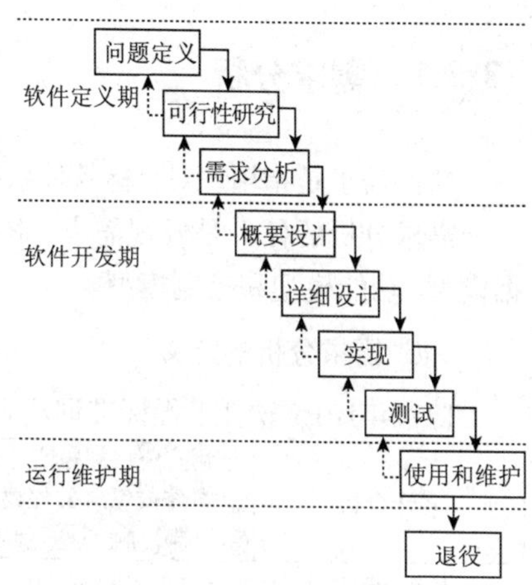

图3-4 软件生命周期

2. 软件生命周期各阶段的主要任务

在图3-4中的软件生命周期各阶段的主要任务是：

① 问题定义。确定要求解决的问题是什么。

② 可行性研究与计划制定。决定该问题是否存在一个可行的解决办法，指定完成开发任务的实施计划。

③ 需求分析。对待开发软件提出需求进行分析并给出详细定义。编写软件规格说明书及初步的用户手册，提交评审。

④ 软件设计。通常又分为概要设计和详细设计两个阶段，给出软件的结构、模块的划分、功能的分配以及处理流程。该阶段提交评审的文档有概要设计说明书、详细设计说明书和测试计划初稿。

⑤ 软件实现。在软件设计的基础上编写程序。该阶段完成的文档有用户手册、操作手册等面向用户的文档，以及为下一步做准备而编写的单元测试计划。

⑥ 软件测试。在设计测试用例的基础上，检验软件的各个组成部分。编写测试分析报告。

⑦ 运行维护。将已交付的软件投入运行，同时不断地维护，进行必要而且可行的扩充和删改。

3.1.6 软件开发工具与开发环境

1. 软件开发工具

软件开发工具的产生、发展和完善促进了软件的开发速度和质量的提高。软件开发工具从初期的单项工具逐步向集成工具发展。与此同时，软件开发的各种方法也必须得到相应的软件工具支持，否则方法就很难有效的实施。

2. 软件开发环境

软件工程环境（或软件开发环境）是全面支持软件开发全过程的软件工具集合。这些软件工具按照一定的方法或模式组合起来，支持软件生命周期的各个阶段和各项任务的完成。

计算机辅助软件工程（CASE）是当前软件开发环境中富有特色的研究工作和发展方向。CASE将各种软件工具、开发机器和一个存放过程信息的中心数据库组合起来，形成软件工程环境。一个良好的工程环境将最大限度地降低软件开发的技术难度并使软件开发的质量得到保证。

3.2 结构化分析方法

目前使用最广泛的软件工程方法学是结构化方法学和面向对象方法学。结构化方法学也称为传统方法学，它采用结构化方法来完成软件开发的各项任务，并使用适当的软件工具或软件工程环境来支持结构化方法的运用。结构化程序设计方法在第2章已经做了简要介绍，本节将介绍结构化分析方法，下一节将介绍结构化设计方法。

3.2.1 需求分析

【熟记】需求分析阶段的4方面的工作

软件需求是指用户对目标软件系统在功能、行为、性能、设计约束等方面的期望。

需求分析的任务是发现需求、求精、建模和定义需求的过程。需求分析将创建所需的数据模型、功能模型和控制模型。

1. 需求分析的定义

1977年IEEE软件工程标准词汇表将需求分析定义为：

需求分析	① 用户解决问题或达到目标所需的条件或权能； ② 系统或系统部件要满足合同、标准、规范或其他正式文档所需要具有的条件或权能； ③ 一种反映①或②所描述的条件或权能的文档说明。

对软件需求的深入理解是软件开发工作获得成功的前提。需求分析是一件艰巨复杂的工作。因为，只有用户才真正知道自己需要什么，但是他们并不知道怎样用软件实现自己的需求，对软件需求的描述可能不够准确、具体；或者分析员知道怎样用软件实现人们的需求，但是在需求分析开始时他们对用户的需求并不十分清楚，必须与用户不断沟通。

2. 需求分析阶段的工作

概括地说，需求分析阶段的工作可以分为4个方面：需求获取、需求分析、编写需求规格说明书和需求评审。

(1) 需求获取

了解用户当前所处的情况，发现用户所面临的问题和对目标系统的基本需求；接下来应该与用户深入交流，对用户的基本需求反复细化逐步求精，以得出对目标系统的完整、准确和具体的需求。

(2) 需求分析

对获取的需求进行分析和综合，最终给出系统的解决方案和目标系统的逻辑模型。

(3) 编写需求规格说明书

需求规格说明书是需求分析的阶段性成果，它可以为用户、分析人员和设计人员之间的交流提供方便，可以直接支持目标系统的确认，又可以作为控制软件开发进程的依据。

(4) 需求评审

通常主要从一致性、完整性、现实性和有效性4个方面复审软件需求规格说明书。

3.2.2 需求分析方法

1. 需求分析方法分类

需求分析方法可以分为结构化分析方法和面向对象的分析方法两大类。

(1) 结构化分析方法

主要包括：面向数据流的结构化分析（Structured Analysis，SA）方法、面向数据结构的Jackson系统开发（Jackson System Development Method，JSD）方法和面向数据结构的结构化数据系统开发（Data Structured System Development Method，DSSD）方法。

（2）面向对象的分析（Object-Oriented Analysis，OOA）方法

【熟记】需求分析的2种方法

面向对象分析是面向对象软件工程方法的第一个环节，包括一套概念原则、过程步骤、表示方法、提交文档等规范要求。

另外，从需求分析建模的特性来划分，需求分析方法还可以分为静态分析方法和动态分析方法。

2. 结构化分析方法

结构化分析	使用数据流图（DFD）、数据字典（DD）、结构化英语、判定表和判定树等工具，来建立一种新的、称为结构化规格说明的目标文档。

SA方法的实质是着眼于数据流、自顶向下、对系统的功能进行逐层分解、以数据流图和数据字典为主要工具，建立系统的逻辑模型。

3.2.3 结构化分析方法的常用工具

学习提示

【熟记】结构化分析的4种常用工具、数据流图的图形

1. 数据流图（Data Flow Diagram，DFD）

数据流图是系统逻辑模型的图形表示，即使不是专业的计算机技术人员也容易理解它，因此它是分析员与用户之间极好的通信工具。

数据流图中的主要图形元素与说明如表3-4所示。

表3-4 数据流图的主要图形元素

名称	图形	说明
数据流（data flow）	→	沿箭头方向传送数据的通道，一般在旁边标注数据流名
加工（process）	○	又称转换，输入数据经加工、变换产生输出
存储文件（file）	═	又称数据源，表示处理过程中存放各种数据的文件
源/潭（source/sink）	□	表示系统和环境的接口，属于系统之外的实体

在数据流图中，对所有的图形元素都进行了命名，它们都是对一些属性和内容抽象的概括。一个软件系统对其数据流图的命名必须有相同的理解，否则将会严重影响以后的开发工作。

请注意

数据流图与程序流程图中用箭头表示的控制流有本质不同，千万不要混淆。此外，数据存储和数据流都是数据，仅仅是所处的状态不同。数据存储是处于静止状态的数据，数据流是处于运动中的数据。

2. 数据字典（Data Dictionary，DD）

数据字典	对数据流图中所有元素的定义的集合，是结构化分析的核心。

数据流图和数据字典共同构成系统的逻辑模型，没有数据字典数据流图就不严格，若没有数据流图，数据字典也难于发挥作用。

数据字典中有4种类型的条目：数据流、数据项、数据存储和加工。

在数据字典各条目的定义中，常使用下述符号，如表3-5所示。

表3-5 数据字典中的符号

符号	含义
=	表示“等价于”，“定义为”或“由什么构成”
+	表示“和”，“与”
[···|···]	表示“或”，即从方括号内列出的若干项中选择一个，通常用“|”号隔开供选择的项
{ }	表示“重复”，即重复花括号内的项，n{ }m表示最少重复n次，最多重复m次
( )	表示“可选”，即圆括号里的项可有可无，也可理解为可以重复0次或1次
**	表示“注解”
..	表示连接符

3. 判定表

有些加工的逻辑用语言形式不容易表达清楚，而用表的形式则一目了然。如果一个加工逻辑有多个条件、多个操作，并且在不同的条件组合下执行不同的操作，那么可以使用判定表来描述。

①基本条件	②条件项
③基本动作	④动作项

图3-5 判定表组成

判定表由4部分组成，如图3-5所示。其中：

标识为①的左上部称为基本条件项，它列出各种可能的条件。

标识为②的右上部称为条件项，它列出各种可能的条件组合。

标识为③的左下部称为基本动作项，它列出所有的操作。

标识为④的右下部称动作项，它列出在对应的条件组合下所选的操作。

4. 判定树

判定树和判定表没有本质的区别，可以用判定表表示的加工逻辑都能用判定树表示。

3.2.4 软件需求规格说明书

软件需求规格说明书（Software Requirement Specification，SRS）是需求分析阶段的最后成果，是软件开发过程中的重要文档之一。

软件需求规格说明书是确保软件质量的有力措施，衡量软件需求规格说明书质量好坏的标准，标准的优先级及标准的内涵如表3-6所示。

表3-6 软件需求规格说明书的标准

标准	内涵
正确性	SRS首先要正确地反映待开发系统，体现系统的真实要求
无歧义性	对每一个需求不能有两种解释
完整性	SRS要涵盖用户对系统的所有需求，包括功能要求、性能要求、接口要求、设计约束等
可验证性	SRS描述的每一个需求都可在有限代价的有效过程中验证确认
一致性	各个需求的描述之间不能有逻辑上的冲突
可理解性	为了使用户能看懂SRS，应尽量少使用计算机的概念和术语
可修改性	SRS的结构风格在有需要时不难改变
可追踪性	每个需求的来源和流向是清晰的

3.3 结构化设计方法

在需求分析阶段，使用数据流图和数据字典等工具已经建立了系统的逻辑模型，解决了“做什么”的问题。接下来的软件设计阶段，是解决“怎么做”的问题。

本节主要介绍软件工程的软件设计阶段。软件设计可分为两步：概要设计和详细设计。

3.3.1 软件设计概述

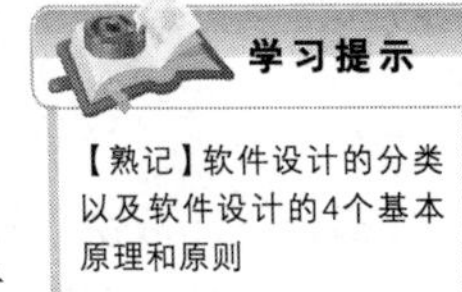

【熟记】软件设计的分类以及软件设计的4个基本原理和原则

1. 软件设计的基础

软件设计的基本目标是用比较抽象概括的方式确定目标系统如何完成预定的任务，也就是说，软件设计是确定系统的物理模型。

软件设计是开发阶段最重要的步骤。从工程管理的角度来看可分为两步：概要设计和详细设计。从技术观点来看，软件设计包括软件结构设计、数据设计、接口设计、过程设计4个步骤，如表3-7所示。

表3-7 软件设计的划分

划分	名称	含义
按工程管理角度划分	概要设计	将软件需求转化为软件体系结构，确定系统及接口、全局数据结构或数据库模式
	详细设计	确立每个模块的实现算法和局部数据结构，用适当方法表示算法和数据结构的细节
按技术观点划分	结构设计	定义软件系统各主要部件之间的关系
	数据设计	将分析时创建的模型转化为数据结构的定义
	接口设计	描述软件内部、软件和协作系统之间以及软件与人之间如何通信
	过程设计	把系统结构部件转换成软件的过程描述

2. 软件设计的基本原理和原则

软件设计过程中应该遵循的基本原理和原则如下所述。

（1）模块化

模块化	把软件划分成独立命名且可独立访问的模块，每个模块完成一个子功能，把这些模块集成起来构成一个整体，可以完成指定的功能满足用户的需求。

模块化是为了把复杂的问题自顶向下逐层分解成许多容易解决的小问题，原来的问题也就容易解决了。模块化使程序结构清晰，容易阅读、理解、测试和调试。

在考虑模块化的过程中，应该避免模块划分的数目过多或者过少。

（2）抽象

抽象是人类在认识复杂现象的过程中使用的最强有力的思维工具。抽象就是抽出事物的本质特性，将相似的方面集中和概括起来，而暂时不考虑它们的细节，暂时忽略它们之间的差异。

（3）信息隐藏

应用模块化原理时，自然会产生的一个问题是“为了得到最好的一组模块，应该怎样分解软件”。

信息隐藏原理指出：设计和确定模块时，应使得一个模块内包含的信息（过程和数据）对于不需要这些信息的模块来说，是不能访问的。

(4) 模块独立性

模块独立性	含义是每个模块完成一个相对独立的特定子功能，并且和其他模块之间的关系很简单。

模块独立性的高低是设计好坏的关键，而设计又是决定软件质量的关键环节。

模块的独立程度可以由两个定性标准度量：内聚性和耦合性。

① 耦合衡量不同模块彼此间互相依赖（连接）的紧密程度；

② 内聚衡量一个模块内部各个元素彼此结合的紧密程度。

请注意 一般来说，要求模块之间的耦合尽可能弱，即模块尽可能独立，且要求模块的内聚程度尽可能高。内聚性和耦合性是一个问题的两个方面，耦合性程度弱的模块，其内聚程度一定高。

耦合强弱取决于模块间接口的复杂程度、调用方式以及通过接口的数据。两个模块之间的耦合方式有如下7种，它们的耦合性由弱到强排列见表3-8。

表3-8 耦合性排列

（耦合度：弱→强）

耦合	说明
非直接耦合	若两个模块没有直接关系，它们之间的联系完全是通过主模块的控制和调用来实现的，则称为非直接耦合
数据耦合	若一个模块访问另一个模块，被访问模块的输入和输出都是数据项参数，即两模块间通过数据参数交换信息，则称为数据耦合
标记耦合	若两个以上的模块都需要其余某一数据结构的子结构时，不是用其余全局变量的方式而是记录传递的方式，即两模块间通过数据交换信息，则称为标记耦合
控制耦合	若一模块明显地把开关量、名字等信息送入另一模块，控制另一模块的功能，则称为控制耦合
外部耦合	一组模块都访问同一全局简单变量，且不通过参数表传递该全局变量的信息，称为外部耦合
公共耦合	若一组模块都访问同一全局简单数据结构，则它们之间的耦合称为公共耦合
内容耦合	如果一个模块直接访问另一模块的内容，则称为内容耦合

内聚和耦合都是进行模块化设计的有力工具，但是实践表明内聚更重要，应该把更多注意力集中到提高模块的内聚程度上。模块的内聚种类也有如下7种，它们的内聚性由弱到强排列，如表3-9所示。

表3-9 内聚性排列

（内聚性：弱→强）

内聚	说明
偶然内聚	指一个模块内的各处理元素之间没有任何联系
逻辑内聚	指模块内执行几个逻辑上相关的功能，通过参数确定该模块完成哪一个功能
时间内聚	把需要同时或顺序执行的动作组合在一起形成的模块
过程内聚	如果一个模块内的处理元素是相关的，而且必须以特定次序执行则称为过程内聚
通信内聚	指模块内所有处理功能都通过使用公用数据而发生关系
顺序内聚	指一个模块中各个处理元素和同一个功能密切相关，而且这些处理必须顺序执行，通常前一个处理元素的输出就是下一个处理元素的输入
功能内聚	指模块内所有元素共同完成一个功能，缺一不可，模块已不可再分

3.3.2 概要设计

学习提示

【熟记】概要设计的任务、数据流图的图符以及数据流类型

【理解】结构化设计的准则

1. 概要设计的任务

概要设计又称总体设计，软件概要设计的基本任务如下所述。

(1) 设计软件系统结构

为了实现目标系统，先进行软件结构设计，具体过程如图3-6所示。

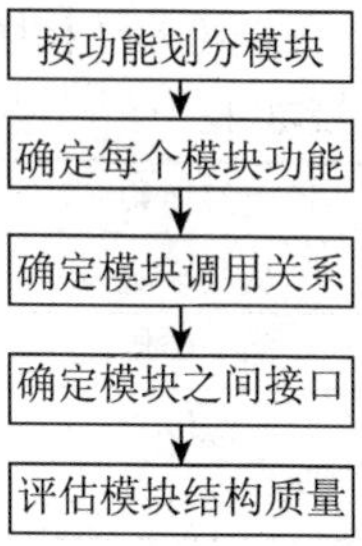

（2）数据结构及数据库设计

数据设计是实现需求定义和规格说明中提出的数据对象的逻辑表示。

（3）编写概要设计文档

概要设计阶段的文档有概要设计说明书、数据库设计说明书和集成测试计划等。

按功能划分模块 → 确定每个模块功能 → 确定模块调用关系 → 确定模块之间接口 → 评估模块结构质量

图3-6　软件系统结构设计过程

（4）概要设计文档评审

在文档编写完成后，要对设计部分是否完整地实现了需求中规定的功能、性能等要求，设计方案的可行性，关键的处理及内外部接口定义正确性、有效性，各部分之间的一致性等进行评审，以免在以后的设计中出现大的问题而返工。

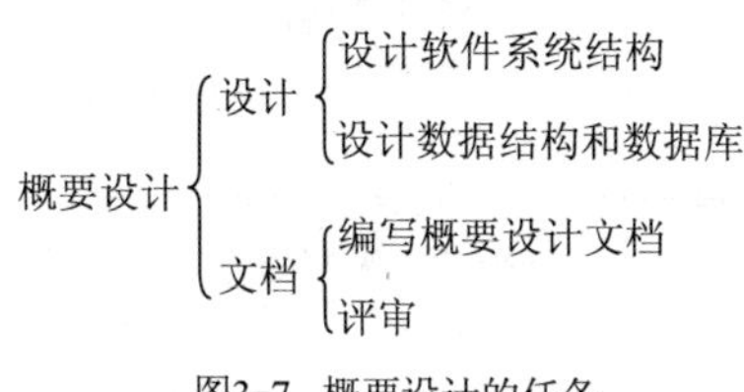

图3-7　概要设计的任务

综上所述，概要设计的主要任务可以分为两部分，如图3-7所示。

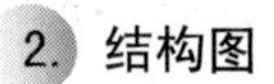

2. 结构图

在结构化设计方法中，常用的结构设计工具是结构图（Stucture Chart，SC），也称为程序结构图。

结构图的基本图符及含义如表3-10所示。

表3-10　结构图基本图符

概念	含义	图符
模块	一个矩形代表一个模块，矩形内注明模块的名字或主要功能	一般模块
调用关系	矩形之间的箭头（或直线）表示模块的调用关系	调用关系
信息	用带注释的箭头表示模块调用过程中来回传递的信息。如果希望进一步标明传递的信息是数据信息还是控制信息，则可用带实心圆的箭头表示是控制信息，空心圆表示数据信息	数据信息 控制信息

根据结构化设计思想，结构图构成的基本形式有3种：顺序形式、选择形式和重复形式。

图3-8（a）是最基本的调用形式——顺序形式。此外还有一些附加的符号，可以表示模块的选择调用或循环调用。

图3-8（b）表示当模块M中某个判定为真时调用模块A，为假时调用模块B。

图3-8（c）表示模块M循环调用模块A。

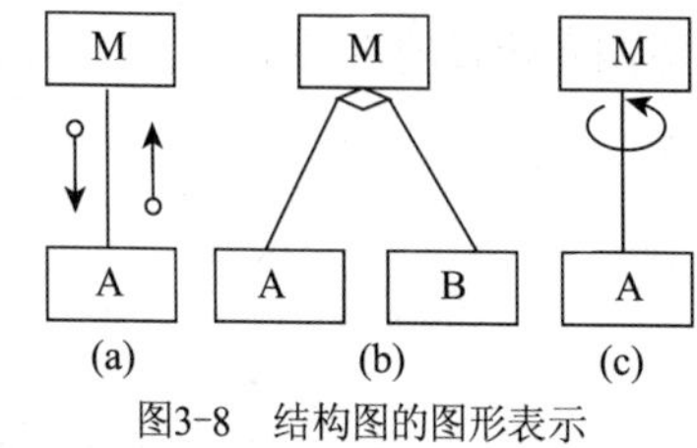

图3-8　结构图的图形表示

结构图有4种经常使用的模块类型：传入模块、传出模块、变换模块和协调模块。其表示形式如图3-9所示，含义见表3-11。

表3-11

协调模块	对所有下属模块进行协调和管理
传入模块	从下级模块取得数据，经处理再将其传送给上级模块
变换模块	从上级模块取得数据，进行特定的处理，转换成其他形式，再传送给上级模块
传出模块	从上级模块取得数据，经处理再将其传送给下属模块

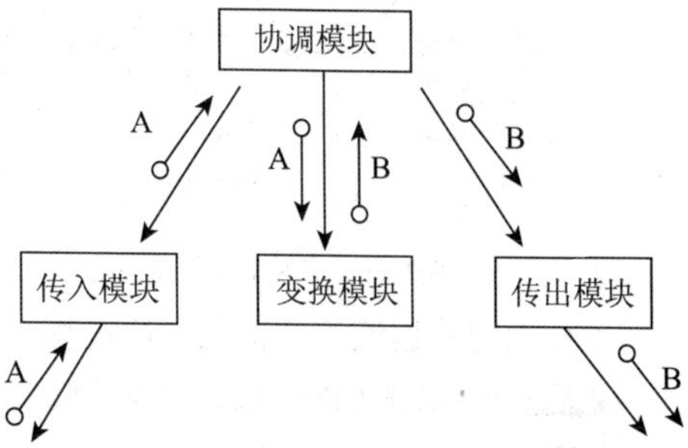

图3-9　结构图4种模块类型

软件的结构是一种层次化的表示，它指出了软件的各个模块之间的关系，如图3-10所示。

图3-10的结构图中涉及几个术语，现简述如表3-12所示。

表3-12

上级模块	控制其他模块的模块
从属模块	被另一个模块调用的模块
原子模块	树中位于叶子结点的模块，也就是没有从属结点的模块
深度	表示控制的层数
宽度	最大模块数的层的控制跨度
扇入	调用一个给定模块的模块个数
扇出	由一个模块直接调用的其他模块数

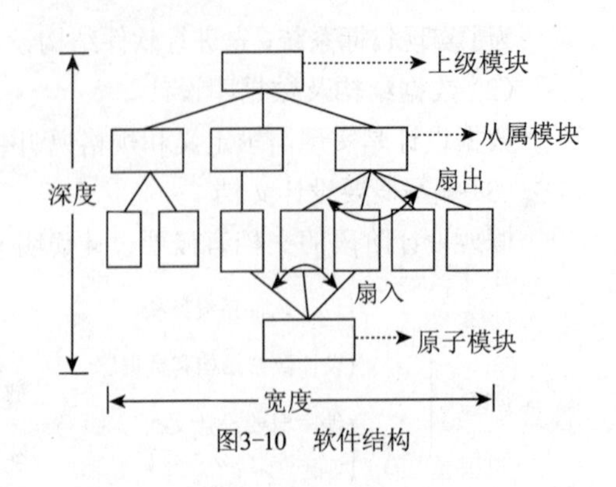

图3-10 软件结构

3. 面向数据流的设计方法

在需求分析阶段，用SA方法产生了数据流图。面向数据流的结构化设计（SD），能够方便地将数据流图DFD转换成程序结构图。DFD从系统的输入数据流到系统的输出数据流的一连串连续加工形成了一条信息流。下面首先介绍数据流图的不同类型，然后介绍针对不同的类型所作的处理。

（1）数据流图的类型

数据流图的信息流可分为两种类型：变换流和事务流。相应地，数据流图有两种典型的结构形式：变换型和事务型。

① 变换型。信息沿输入通路进入系统，同时由外部形式变换成内部形式，然后通过变换中心（也叫主加工），经加工处理以后再沿输出通路变换成外部形式离开软件系统。当数据流图具有这些特征时，这种信息流就称为变换流，这种数据流图，称为变换型数据流图。变换型数据流图可以明显地分成输入、变换中心、输出3大部分。如图3-11所示。

② 事务型。信息沿着输入通路到达一个事务中心，事务中心根据输入信息（称为事务）的类型在若干个处理序列（称为活动流）中选择一个来执行，这种信息流称为事物流，这种数据流图，称为事务型数据流图。事务型数据流图有明显的事务中心，各活动流以事物中心为起点呈辐射状流出，如图3-12所示。

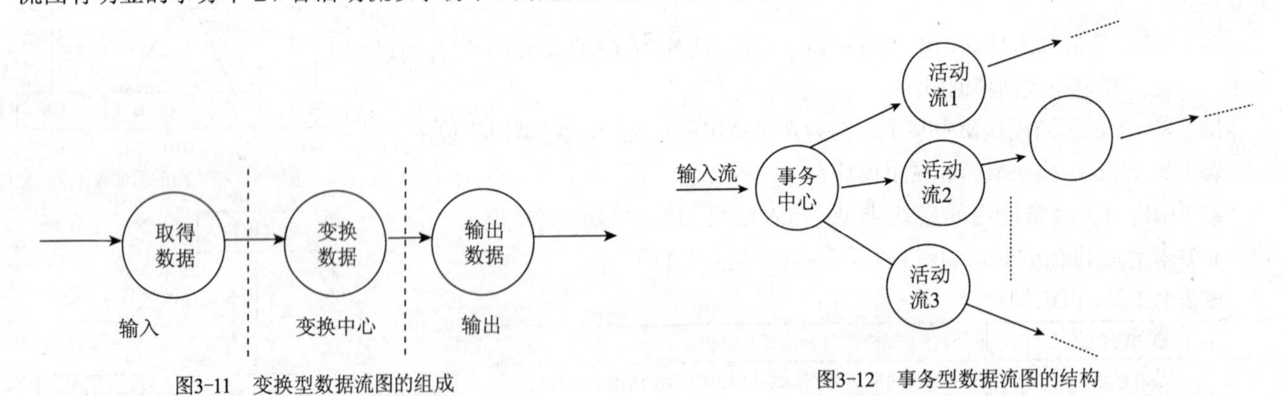

图3-11 变换型数据流图的组成

图3-12 事务型数据流图的结构

（2）面向数据流的结构化设计过程

步骤1 确认数据流图的类型（是事务型还是变换型）。

步骤2 说明数据流的边界。

步骤3 把数据流图映射为结构图。根据数据流图的类型进行事务分析或变换分析。

步骤4 根据下面介绍的设计准则对产生的结构进行优化。

(3) 结构化设计的准则

大量的实践表明，以下的设计准则可以借鉴为设计的指导和对软件结构图进行优化的条件。

① 提高模块独立性。模块独立性是结构设计好坏的最重要标准。设计出软件的初步结构以后，应该分析这个结构，通过模块分解或合并，力求降低耦合提高内聚。

② 模块规模应该适中。过大的模块往往是由于分解不充分；模块过小，则开销大于有效操作，而且模块数目过多将使系统接口复杂。

③ 深度、宽度、扇出和扇入都应适当。深度表示软件结构中控制的层数，如果层数过多则应该考虑是否有许多管理模块过于简单了，要考虑能否适当合并。

如果宽度过大说明系统的控制过于集中。

扇出过大意味着模块过分复杂，需要控制和协调过多的下级模块；扇出过小时可以把下级模块进一步分解成若干个子功能模块，或者合并到它的上级模块中去。

扇入越大则共享该模块的上级模块数目越多，这是有好处的，但是，不能牺牲模块的独立性单纯追求高扇入。

请注意

大量实践表明，设计得很好的软件结构通常顶层扇出比较高，中层扇出较少，底层模块有高扇入。

④ 模块的作用域应该在控制域之内。在一个设计得很好的系统中，所有受判定影响的模块应该都从属于做出判定的那个模块，最好局限于做出判定的那个模块本身及它的直属下级模块。

⑤ 降低模块之间接口的复杂程度。应该仔细设计模块接口，使得信息传递简单并且和模块的功能一致。

⑥ 设计单入口单出口的模块，不要使模块间出现内容耦合。

⑦ 模块功能应该可以预测。如果一个模块可以当作一个黑盒，也就是说，只要输入的数据相同就产生同样的输出，这个模块的功能就是可以预测的。

3.3.3 详细设计

学习提示

【熟记】常用的过程设计工具、程序流程图的基本图符

详细设计的任务，是为软件结构图中的每一个模块确定实现算法和局部数据结构，用某种选定的表达工具表示算法和数据结构的细节。

常用的过程设计工具如下所述。

- 图形工具：程序流程图、N-S图、PAD图、HIPO。
- 表格工具：判定表。
- 语言工具：PDL（伪码）。

本节着重介绍几种主要的过程设计工具。

1. 程序流程图（PFD）

程序流程图又称为程序框图，在程序流程图中，构成程序流程图的最基本图符及含义如下所述。

- 方框表示一个加工步骤。
- 菱形表示一个逻辑条件。
- 箭头表示控制流。

按照结构化程序设计的要求，程序流程图构成的所有程序描述可分解为如图3-13所示的5种控制结构，它们的含义如下所述。

- 顺序型：几个连续的加工步骤依次排列构成。
- 选择型：由某个逻辑判断式的取值决定选择两个加工中的一个。
- 先判断重复型（WHILE型）：先判断循环控制条件是否成立，成立则执行循环体语句。
- 后判断重复型（UNTIL型）：重复执行某些特定的加工，直到控制条件成立。
- 多分支选择型：列举多种加工情况，根据控制变量的取值，选择执行其中之一。

通过把图3-13中的5种基本结构相互组合或嵌套，可以构成任何复杂的程序流程图。

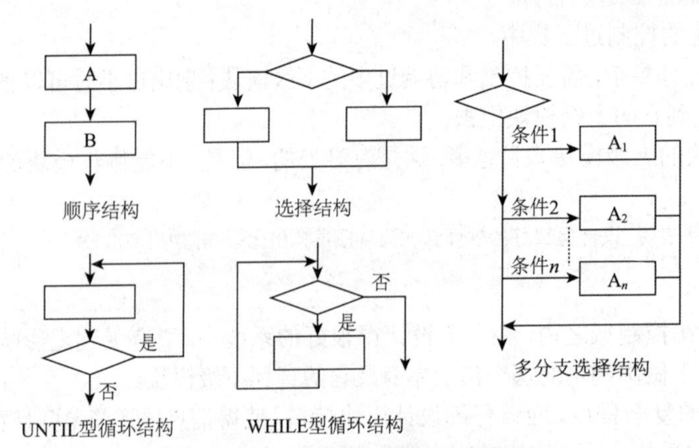

图3-13 程序流程图的5种基本控制结构

程序流程图不易表示数据结构。

请思考 先判断重复型与后判断重复型的区别是什么？

2. N-S图

N-S图的基本图符及表示的5种基本控制结构如图3-14所示。

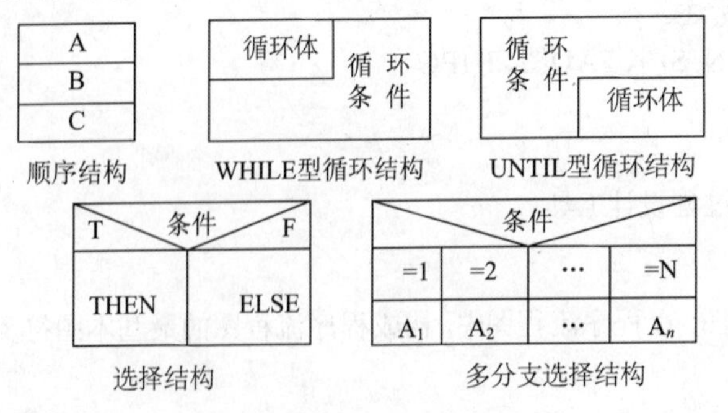

图3-14 N-S图图符与构成的5种控制结构

3. PAD图

PAD是问题分析图（Problem Analysis Diagram）的英文缩写，PAD图用二维树型结构的图来表示程序的控制流，将这种图翻译成程序代码比较容易。

PAD图的5种基本控制结构如图3-15所示。

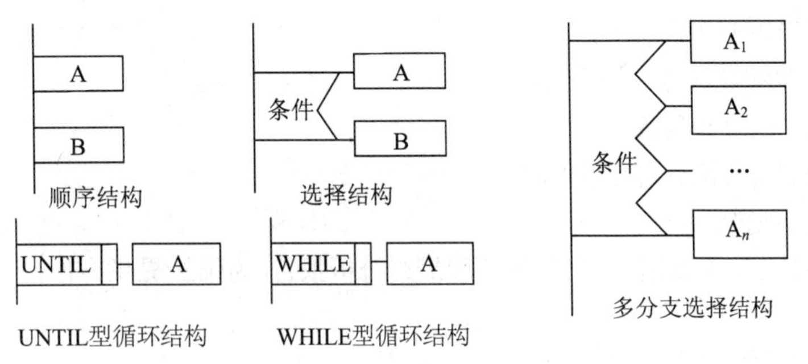

图3-15 PAD图的5种基本控制结构

4. PDL

PDL是过程设计语言（Procedure Design Language）的英文缩写，也称为伪码。

一般说来，PDL是一种“混合”语言，它使用一种语言（英语）的词汇，同时却使用另一种语言（某种结构化的程序设计语言）的语法。

用PDL表示的基本控制结构的常用词汇如下所示：

选择	IF/THEN /ELSE/ ENDIF
循环	DO WHILE /ENDDO，REPEAT UNTIL /ENDREPEAT
分支	CASE_OF/WHEN/SELECT/WHENS/ELECT/ENDCASE

3.4 软件测试

软件测试就是在软件投入运行之前，尽可能多地发现软件中的错误。软件测试是保证软件质量、可靠性的关键步骤。它是对软件规格说明、设计和编码的最后复审。通常，软件测试的工作量往往占软件开发总工作量的40%以上。

本节主要讲解软件测试的目的、方法及实施方法。

3.4.1 软件测试的目的和准则

学习提示

【熟记】软件测试的目的

1. 软件测试的目的

Grenford.J.Myers给出了软件测试的目的。

（1）测试是为了发现程序中的错误而执行程序的过程。

（2）好的测试用例（test case）很可能发现迄今为止尚未发现的错误。

（3）一次成功的测试是指发现了迄今为止尚未发现的错误。

测试的目的是发现软件中的错误，但是，暴露错误并不是软件测试的最终目的，测试的根本目的是尽可能多地发现并排除软件中隐藏的错误。

2. 软件测试的准则

根据上述软件测试的目的，为了能设计出有效的测试方案，以及好的测试用例，软件测试人员必须深入理解，并正确运用以下软件测试的基本准则。

(1) 所有测试都应追溯到用户需求。

(2) 在测试之前制定测试计划，并严格执行。

(3) 充分注意测试中的群集现象。

(4) 避免由程序的编写者测试自己的程序。

(5) 不可能进行穷举测试。

(6) 妥善保存测试计划、测试用例、出错统计和最终分析报告，为维护提供方便。

3.4.2 软件测试方法

【熟记】软件测试方法的分类

软件测试具有多种方法，根据软件是否需要被执行，可以分为静态测试和动态测试。如果按照功能划分，可以分为白盒测试和黑盒测试。

1. 静态测试和动态测试

(1) 静态测试

包括代码检查、静态结构分析、代码质量度量等。

其中代码检查分为代码审查、代码走查、桌面检查、静态分析等具体形式。

(2) 动态测试

静态测试不实际运行软件，主要通过人工进行分析。动态测试就是通常所说的上机测试，通过运行软件来检验软件中的动态行为和运行结果的正确性。

动态测试的关键是设计高效、合理的测试用例。测试用例就是为测试设计的数据，由测试输入数据和预期的输出结果两部分组成。测试用例的设计方法一般分为两类：黑盒测试方法和白盒测试方法。

2. 黑盒测试和白盒测试

(1) 白盒测试

白盒测试是把程序看成装在一只透明的白盒子里，测试者完全了解程序的结构和处理过程。它根据程序的内部逻辑来设计测试用例，检查程序中的逻辑通路是否都按预定的要求正确地工作。

(2) 黑盒测试

黑盒测试是把程序看成一只黑盒子，测试者完全不了解，或不考虑程序的结构和处理过程。它根据规格说明书的功能来设计测试用例，检查程序的功能是否符合规格说明的要求。

下面详细介绍黑盒测试和白盒测试。

3.4.3 白盒测试的测试用例设计

白盒测试又称为结构测试或逻辑驱动测试。它允许测试人员利用程序内部的逻辑结构及有关信息来设计或选择测试用例，对程序所有的逻辑路径进行测试。白盒测试是在程序内部进行，主要用于完成软件内部操作的验证。

白盒测试的主要技术有逻辑覆盖测试、基本路径测试等。

1. 逻辑覆盖测试

逻辑覆盖泛指一系列以程序内部的逻辑结构为基础的测试用例设计技术。程序中的逻辑表示主要有判断、分支、条件3种表示方式。

（1）语句覆盖

语句覆盖是指选择足够多的测试用例，使被测程序中的每个语句至少执行一次。

例如，用程序流程图表示的程序如图3-16所示。

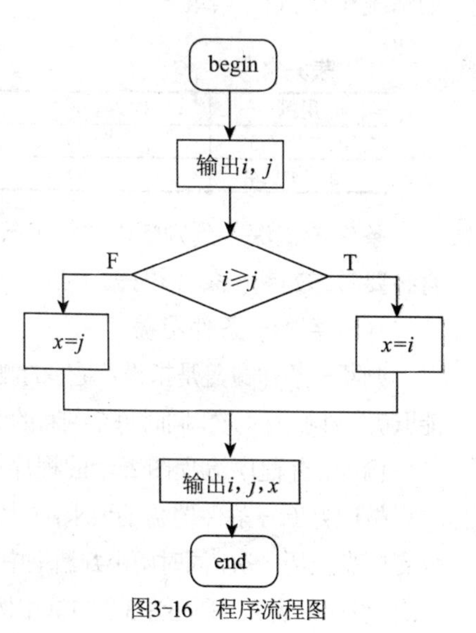

图3-16 程序流程图

按照语句覆盖的测试要求，对图3-16的程序设计如表3-13所示中测试用例1和测试用例2。

表3-13

用例	输入（i, j）	输出（i, j, x）
测试用例1	（5, 5）	（5, 5, 5）
测试用例2	（5, 10）	（5, 10, 10）

语句覆盖是逻辑覆盖中基本的覆盖，尤其对单元测试来说。但是语句覆盖往往没有关注判断中的条件有可能隐含的错误。

（2）路径覆盖

路径覆盖是指执行足够的测试用例，使程序中所有可能的路径至少经历一次。

例如，用程序流程图表示的程序如图3-17所示。

对图3-17的程序设计的一组测试用例，就可以覆盖该程序的全部4条路径：ace，abd，abe，acd。

测试用例	通过路径
[（A=4, B=1, X=3），（输出略）]	（ace）
[（A=1, B=1, X=1），（输出略）]	（abd）
[（A=3, B=2, X=1），（输出略）]	（abe）
[（A=2, B=1, X=1），（输出略）]	（acd）

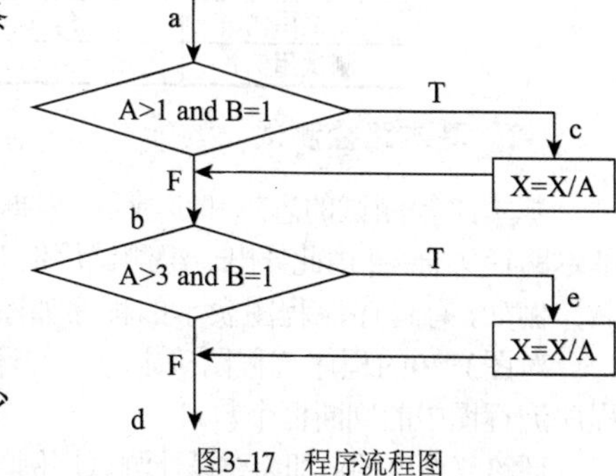

图3-17 程序流程图

（3）判定覆盖

判定覆盖，它是指使测试用例每个判断的每个取值分支（T或F）至少经历一次。

根据判断覆盖的要求，对如图3-18所示的程序，如果其中包含条件$i \geqslant j$的判断为真值和为假值的程序执行路径至少经历一次，仍然可以用语句覆盖中的测试用例3和测试用例4。

程序每个判断中若存在多个联立条件，仅保证判断的真假值往往会导致某些单个条件的错误不能被发现。例如，某判断“$x<1$或$y>5$”，其中只要一个条件取值为真，无论另一个条件是否错误，判断的结果都为真。

这说明，仅有判断覆盖还无法保证能查出判断条件的错误，需要更强的逻辑覆盖。

(4) 条件覆盖

条件覆盖是指设计用例保证程序中每个判断的每个条件的可能取值至少执行一次。

例如，有程序流程图表示的程序如图3-18所示。

按照条件覆盖的测试要求，对图3-18的程序判断框中的条件$i \geqslant j$和条件$j<8$设计如表3-14所示中测试用例3和测试用例4，就能保证该条件取真值和取假值的情况至少执行一次。

图3-18　程序流程图

表3-14

用例	输入 (i, j)	输出 (i, j, x)
测试用例3	(5, 4)	(5, 4, 5)
测试用例4	(6, 9)	(6, 9, 9)

条件覆盖深入到判断中的每个条件，但是可能忽略全面的判断覆盖的要求。有必要考虑判断－条件覆盖。

(5) 判断－条件覆盖

判断－条件覆盖是指设计足够的测试用例，使判断中每个条件的所有可能取值至少执行一次，同时每个判断的所有可能取值分支至少执行一次。

例如，有程序流程图表示的程序如图3-19所示。

按照判断－条件覆盖的要求，对图3-19程序的两个判断框的每个取值分支至少经历一次，同时两个判断框中的3个条件的所有可能取值至少执行一次，设计如表3-15所示中3个测试用例，就能保证满足判断－条件覆盖。

图3-19　程序流程图

表3-15

用例	输入 (i, j, x)	输出 (i, j, x)
测试用例5	(4, 3, 1)	(4, 3, 1)
测试用例6	(9, 5, 0)	(9, 5, 9)
测试用例7	(3, 9, 0)	(3, 9, 9)

2. 基本路径测试

基本路径测试的思想和步骤是：根据软件过程性描述中的控制流程确定程序的环路复杂性度量，用此度量定义基本路径集合，并由此导出一组测试用例对每一条独立执行路径进行测试。

例如，有程序流程图表示的程序如图3-20所示。

对图3-20的程序流程图确定程序的环路复杂度的方法是：环路复杂度=程序流程图中的判断框个数+1。

环路复杂度的值即为要设计测试用例的基本路径数，如图3-20所示的程序环路复杂度为3，所以设计3个测试用例，覆盖的基本路径是abf, acef, acdf。

测试用例	通过路径
[(A=1, B=0), (输出略)]	(abf)
[(A=3, B=1), (输出略)]	(acef)
[(A=3, B=3), (输出略)]	(acdf)

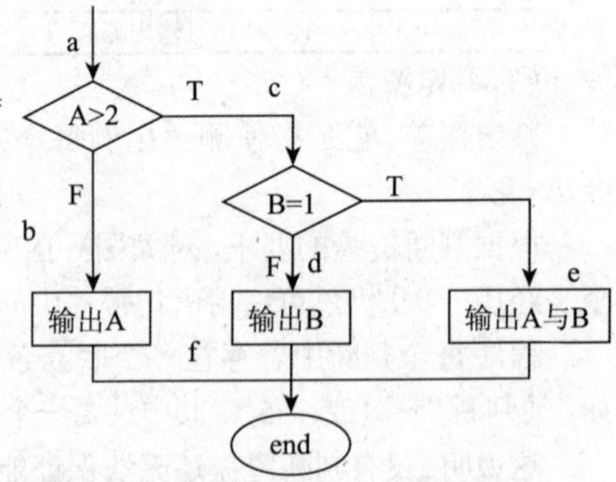

图3-20　程序流程图

3.4.4 黑盒测试的测试用例设计

学习提示

【熟记】黑盒测试的主要技术
【理解】黑盒测试的测试用例设计

黑盒测试方法又称功能测试或数据驱动测试，着重测试软件功能。白盒测试在测试过程的早期阶段进行，而黑盒测试主要用于软件的确认测试。

黑盒测试完全不考虑程序内部的逻辑结构和处理过程，黑盒测试是在软件接口处进行，检查和验证程序的功能是否符合需求规格说明书的功能说明。

常用的黑盒测试方法和技术有：等价类划分法、边界值分析法、错误推测法和因果图等。

1. 等价类划分法

等价类划分是一种常用的黑盒测试方法，这种技术的方法是先把程序的所有可能的输入划分成若干个等价类，然后根据等价类选取相应的测试用例。每个等价类中各个输入数据度发现程序中错误的几率几乎是相同的。因此，从每个等价类中只取一组数据作为测试数据，这样选取的测试数据最有代表性，最可能发现程序中的错误，并且大大减少了需要的测试数据的数量。

2. 边界值分析法

边界值分析法是对各种输入、输出范围的边界情况设计测试用例的方法。

大量的实践表明，程序在处理边界值时容易出错，因此设计一些测试用例，使程序运行在边界情况附近，这样揭露程序中错误的可能性就更大。

选取的测试数据应该刚好等于、小于和大于边界值。也就是说，按照边界值分析法，应该选取刚好等于、稍小于和稍大于等价类边界值的数据作为测试数据，而不是选取每个等价类内的典型值或任意值作为测试数据。

通常设计测试方案时总是把等价划分和边界值分析法结合使用。

3. 错误推测法

（1）错误推测法概念

错误推测法是一种凭直觉和经验推测某些可能存在的错误，从而针对这些可能存在的错误设计测试用例的方法。这种方法没有机械的执行过程，主要依靠直觉和经验。

错误推测法针对性强，可以直接切入可能的错误，直接定位，是一种非常实用、有效的方法，但是需要非常丰富的经验。

（2）错误推测法实施步骤

首先对被测试软件列出所有可能出现的错误和易错情况表，然后基于该表设计测试用例。

例如，输入数据为0或输出数据为0往往容易发生错误；如果输入或输出的数据允许变化，则输入或输出的数据为0和1的情况（例如，表为空或只有一项）是容易出错的情况。测试者可以设计输入值为0或1的测试情况，以及使输出强迫为0或1的测试情况。

3.4.5 软件测试的实施

软件测试的实施过程主要有4个步骤：单元测试、集成测试、确认测试（验收测试）和系统测试。

1. 单元测试

(1) 单元测试概念

单元测试	也称模块测试，模块是软件设计的最小单位，单元测试是对模块进行正确性的检验，以期尽早发现各模块内部可能存在的各种错误。

通常单元测试在编码阶段进行，单元测试的依据除了源程序以外还有详细设计说明书。

单元测试可以采用静态测试或者动态测试。动态测试通常以白盒测试法为主，测试其结构，以黑盒测试法为辅，测试其功能。

(2) 单元测试的测试环境

单元测试是针对单个模块，这样的模块通常不是一个独立的程序，需要考虑模块和其他模块的调用关系。在单元测试中，用一些辅助模块去模拟与被测模块相联系的其他模块，即为测试模块设计驱动模块和桩模块，构成一个模拟的执行环境进行测试，如图3-21所示。

驱动（Driver）模块就相当于一个"主程序"，它接收测试数据，把这些数据传送给被测试的模块，输出有关的结果。

桩（Stub）模块代替被测试的模块所调用的模块。因此桩模块也可以称为"虚拟子程序"。它接受被测模块的调用，检验调用参数，模拟被调用的子模块的功能，把结果送回被测试的模块。

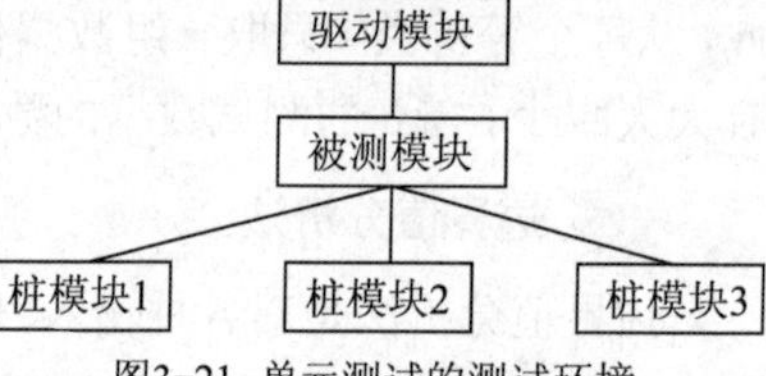

图3-21 单元测试的测试环境

在软件的结构图中，顶层模块测试时不需要驱动模块，最底层的模块测试时不需要桩模块。

2. 集成测试

集成测试	也称组装测试，它是对各模块按照设计要求组装成的程序进行测试，主要目的是发现与接口有关的错误（系统测试与此类似）。

集成测试主要发现设计阶段产生的错误，集成测试的依据是概要设计说明书，通常采用黑盒测试。

集成测试的内容主要有以下4个方面：

- 软件单元的接口测试；
- 全局数据结构测试；
- 边界条件测试；
- 非法输入测试。

集成的方式可以分为非增量方式集成和增量方式集成两种。

非增量方式是先分别测试每个模块，再把所有模块按设计要求组装一起进行整体测试，因此，非增量方式又称一次性组装方式。

增量方式是把要测试的模块同已经测试好的那些模块连接起来进行测试，测试完以后再把下一个应测试的模块连接进来测试。

增量方式包括自顶向下、自底向上以及自顶向下和自底向上相结合的混合增量方法。

3. 确认测试

确认测试的任务是检查软件的功能、性能及其他特征是否与用户的需求一致，它是以需求规格说明书作为依据的测试。确认测试通常采用黑盒测试。

确认测试首先测试程序是否满足规格说明书所列的各项要求，然后要进行软件配置复审。复审的目的在于保证软件配置齐全、分类有序，以及软件配置所有成分的完备性、一致性、准确性和可操作性，并且包括软件维护所必需的细节。

4. 系统测试

在确认测试完成后，把软件系统整体作为一个元素，与计算机硬件、支持软件、数据、人员和其他计算机系统的元素组合在一起，在实际运行环境下对计算机系统进行一系列的集成测试和确认测试，这样的测试称为系统测试。

系统测试的目的是在真实的系统工作环境下检验软件是否能与系统正确连接，发现软件与系统需求不一致的地方。

系统测试的内容包括：功能测试、操作测试、配置测试、性能测试、安全性测试、外部接口测试等。

3.5 程序的调试

在对程序进行了成功的测试之后将进行程序的调试。程序调试的任务是诊断和改正程序中的错误。

本节主要讲解程序调试的基本概念以及调试方法。

3.5.1 程序调试的基本概念

【熟记】程序调试的基本概念、程序调试的任务以及调试与测试的区别

如前所述，测试是为了发现错误，成功的测试是发现了错误的测试。

调试（也称为Debug，排错）是作为成功测试的后果出现的步骤，也就是说，调试是在测试发现错误之后排除错误的过程。软件测试贯穿整个软件生命期，而调试主要在开发阶段。

程序调试活动由两部分组成：

- 根据错误的迹象确定程序中错误的确切性质、原因和位置。
- 对程序进行修改，排除这个错误。

1. 程序调试的基本步骤

步骤1 错误定位。

步骤2 修改设计和代码，以排除错误。

步骤3 进行回归测试，防止引进新的错误。

2. 程序调试的原则

调试活动由对程序中错误的定性、定位和排错两部分组成，因此调试原则也从这两个方面来考虑。

(1) 错误定性和定位的原则

① 集中思考分析和错误现象有关的信息。

② 不要钻死胡同。如果在调试中陷入困境，可以暂时放在一边，或者通过讨论寻找新的思路。

③ 不要过分信赖调试工具。调试工具只能提供一种无规律的调试方法，不能代替人思考。

④ 避免用试探法。试探法其实是碰运气的盲目动作，成功率很小，是没有办法时的办法。

(2) 修改错误的原则

① 在错误出现的地方，可能还有其他错误。因为经验表明，错误有群集现象。

② 修改错误的一个常见失误是只修改了这个错误的现象，而没有修改错误本身。如果提出的修改不能解释与这个错误有关的全部线索，这就表明只修改了错误的一部分。

③ 必须明确，修改一个错误的同时可能引入了新的错误。解决的办法是在修改了错误之后，必须进行回归测试。

④ 修改错误的过程将迫使人们暂时回到程序设计阶段。修改错误也是程序设计的一种形式，在程序设计阶段所使用的任何方法都可以应用到错误修正的过程中来。

⑤ 修改源代码程序，不要改变目标代码。

3.5.2 软件调试方法

【熟记】软件调试的3种方法

调试的关键是错误定位，即推断程序中错误的位置和原因。类似于软件测试，软件调试从是否跟踪和执行程序的角度，分为静态调试和动态调试。静态调试是主要的调试手段，是指通过人的思维来分析源程序代码和排错，而动态调试是静态测试的辅助。

1. 强行排错法

强行排错法是寻找软件错误原因的很低效的方法，但作为传统的调试方法，目前仍经常使用。

其过程可以概括为设置断点、程序暂停、观察程序状态和继续运行程序。

在使用任何一种调试方法之前，必须首先进行周密的思考，必须有明确的目的，应该尽量减少无关信息的数量。

2. 回溯法

回溯法是一种相当常用的调试方法，这种方法适用于调试小程序。从最先发现错误现象的地方开始，人工沿程序的控制流逆向追踪分析源程序代码，直到找出错误原因或者确定错误的范围。但是，随着程序规模扩大，应该回溯的路径数目也变得越来越大，以致彻底回溯变成完全不可能了。

3. 原因排除法

二分法、归纳法和演绎法都属于原因排除法。

(1) 二分法

二分法的基本思路是，如果已经知道每个变量在程序内若干个关键点的正确值，则可以用赋值语句或输入语句在程序中点附近给这些变量赋正确值，然后运行程序并检查所得到的输出。如果输出结果是正确的，则说明错误原因在程序的前半部分；反之，错误原因在程序的后半部分。对错误原因所在的那部分再重复使用这个方法，直到把出错范围缩小到可以诊断的程度为止。

(2) 归纳法

归纳法是从个别推断出一般的系统化思维方法。使用归纳法进行调试时，首先把和错误有关的数据组织起来进行分析，然后导出对错误原因的一个或多个假设，并利用已有的数据来证明或排除这些假设。直到寻找到潜在的原因，从而找出错误。

(3) 演绎法

演绎法是一种从一般原理或前提出发，经过排除和精化的过程推导出结论的思维方法。采用这种方法调试时，首先假设所有可能的出错原因，然后用测试来逐个排除假设的原因。如果测试表明某个假设的原因可能是真的原因，则对数据进行细化以准确定位错误。

上述3种方法都可以使用调试工具辅助完成，但是工具并不能代替调试人员对全部设计文档和源程序的仔细分析与评估。

课后总复习

一、选择题

1. 下列描述中正确的是（ ）。
   A）程序就是软件　B）软件开发不受计算机系统的限制
   C）软件既是逻辑实体，又是物理实体　D）软件是程序、数据与相关文档的集合
2. 在软件开发中，下列任务不属于设计阶段的是（ ）。
   A）数据结构设计　B）给出系统模块结构
   C）定义模块算法　D）定义需求并建立系统模型
3. 下列描述中正确的是（ ）。
   A）软件工程只是解决软件项目的管理问题
   B）软件工程主要解决软件产品的生产率问题
   C）软件工程的主要思想是强调在软件开发过程中需要应用工程化原则
   D）软件工程只是解决软件开发中的技术问题
4. 下列叙述中正确的是（ ）。
   A）软件交付使用后还需要进行维护　B）软件一旦交付使用就不需要再进行维护
   C）软件交付使用后其生命周期就结束　D）软件维护是指修复程序中被破坏的指令
5. 在结构化方法中，用数据流程图（DFD）作为描述工具的软件开发阶段是（ ）。
   A）可行性分析　B）需求分析　C）详细设计　D）程序编码
6. 下面不属于软件设计原则的是（ ）。
   A）抽象　B）模块化　C）自底向上　D）信息隐藏
7. 为了使模块尽可能独立，要求（ ）。
   A）模块的内聚程度要尽量高，且各模块间的耦合程度要尽量强
   B）模块的内聚程度要尽量高，且各模块间的耦合程度要尽量弱
   C）模块的内聚程度要尽量低，且各模块间的耦合程度要尽量弱
   D）模块的内聚程度要尽量低，且各模块间的耦合程度要尽量强
8. 在软件设计中，不属于过程设计工具的是（ ）。
   A）PDL（过程设计语言）　B）PAD图
   C）N－S图　D）DFD图
9. 下列对于软件测试的描述中正确的是（ ）。
   A）软件测试的目的是证明程序是否正确　B）软件测试的目的是使程序运行结果正确
   C）软件测试的目的是尽可能多地发现程序中的错误　D）软件测试的目的是使程序符合结构化原则
10. 下列叙述中正确的是（ ）。
    A）程序设计就是编制程序　B）程序的测试必须由程序员自己去完成
    C）程序经调试改错后还应进行再测试　D）程序经调试改错后不必进行再测试
11. 下列叙述中正确的是（ ）。
    A）软件测试应该由程序开发者来完成　B）程序经调试后一般不需要再测试
    C）软件维护只包括对程序代码的维护　D）以上3种说法都不对
12. 软件需求分析阶段的工作，可以分为四个方面：需求获取、需求分析、编写需求规格说明书，以及（ ）。
    A）阶段性报告　B）需求评审　C）总结　D）都不正确
13. 在结构化方法中，软件功能分解属于下列软件开发中的阶段是（ ）。

A）详细设计　　B）需求分析　　C）总体设计　　D）编程调试

14. 下面不属于软件工程的3个要素的是（　）。

A）工具　　B）过程　　C）方法　　D）环境

二、填空题

1. 若按功能划分，软件测试的方法通常分为白盒测试方法和________测试方法。
2. 在进行模块测试时，要为每个被测试的模块另外设计两类模块：驱动模块和承接模块（桩模块）。其中________的作用是将测试数据传送给被测试的模块，并显示被测试模块所产生的结果。
3. 程序测试分为静态分析和动态测试。其中________是指不执行程序，而只是对程序文本进行检查，通过阅读和讨论，分析和发现程序中的错误。
4. 诊断和改正程序中错误的工作通常称为________。
5. 软件是程序、________和文档的集合。
6. 软件工程研究的内容主要包括软件开发技术和________。

学习效果自评

本章介绍了软件、软件工程、软件生命周期的概念、结构化分析与设计方法软件、测试与调试，重点讲解了软件的生命周期、结构化分析方法、结构化设计方法，这些也是我们以后学习的重点，对于书中的大部分概念只要做到理解就可以了。

掌握内容	重要程度	掌握要求	自评结果
软件工程基本概念	★★	熟记软件的定义、特点、分类	□不懂　□一般　□没问题
	★★★	理解软件危机的原因、软件工程过程与软件生命周期	□不懂　□一般　□没问题
	★★	熟记软件工程的定义、目标与原则	□不懂　□一般　□没问题
	★	熟记软件开发工具与开发环境	□不懂　□一般　□没问题
结构化分析方法	★★	熟记需求分析的定义及其工作、2种需求分析方法	□不懂　□一般　□没问题
	★★★	理解结构化分析方法常用的工具	□不懂　□一般　□没问题
结构化设计方法	★★	熟记软件设计的分类，理解软件设计的基本原理	□不懂　□一般　□没问题
	★★★	熟记软件概要设计的基本任务、准则	□不懂　□一般　□没问题
	★★★	理解面向数据流的设计方法、详细设计的工具	□不懂　□一般　□没问题
软件测试	★★	熟记软件测试的目的和准则	□不懂　□一般　□没问题
	★★★	理解白盒测试与黑盒测试以及它们的测试用例设计	□不懂　□一般　□没问题
	★★	熟记软件测试实施的4个步骤	□不懂　□一般　□没问题
程序的调试	★	熟记程序调试的任务及调试方法	□不懂　□一般　□没问题

NCRE 网络课堂　http://www.eduexam.cn/netschool/pub.html

教程网络课堂——软件工程基础　　教程网络课堂——结构化分析方法

第4章 数据库设计基础

视频课堂

第1课	数据库系统的基本概念	第2课	数据模型 ● 数据模型的概念 ● E-R模型
第3课	关系模型		

章前导读

通过本章，你可以学习到：

◎数据库、数据库管理系统与数据库系统的概念以及它们之间有什么关系

◎数据库技术经历了哪些发展阶段

◎什么是关系模型

◎关系运算有哪些类型

本章评估		学习点拨
重要度	★★★★	本章主要介绍数据库的基础知识。读者在学习过程中要通过对相关概念的相互对照，理解它们之间的区别和联系，才能较好地掌握知识。
知识类型	理论	
考核类型	笔试	
所占分值	约8分	
学习时间	8课时	

本章学习流程图

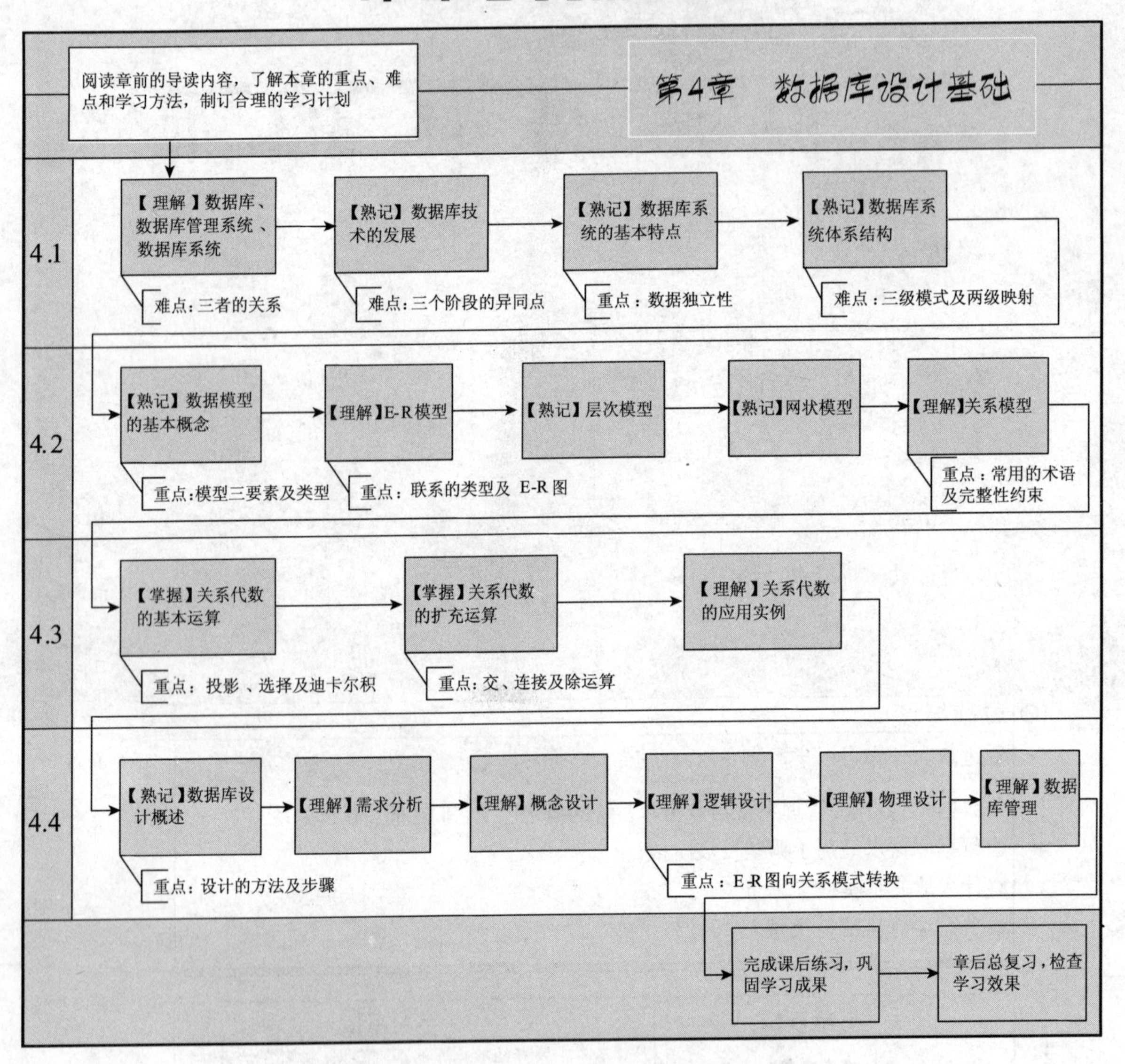

阅读章前的导读内容，了解本章的重点、难点和学习方法，制订合理的学习计划
第4章 数据库设计基础
4.1
【理解】数据库、数据库管理系统、数据库系统
难点：三者的关系
【熟记】数据库技术的发展
难点：三个阶段的异同点
【熟记】数据库系统的基本特点
重点：数据独立性
【熟记】数据库系统体系结构
难点：三级模式及两级映射
4.2
【熟记】数据模型的基本概念
重点：模型三要素及类型
【理解】E-R模型
重点：联系的类型及 E-R 图
【熟记】层次模型
【熟记】网状模型
【理解】关系模型
重点：常用的术语及完整性约束
4.3
【掌握】关系代数的基本运算
重点：投影、选择及迪卡尔积
【掌握】关系代数的扩充运算
重点：交、连接及除运算
【理解】关系代数的应用实例
4.4
【熟记】数据库设计概述
重点：设计的方法及步骤
【理解】需求分析
【理解】概念设计
【理解】逻辑设计
重点：E-R图向关系模式转换
【理解】物理设计
【理解】数据库管理
完成课后练习，巩固学习成果
章后总复习，检查学习效果

4.1 数据库系统的基本概念

数据库技术是计算机领域的一个重要分支，数据库技术是作为一门数据处理技术发展起来的。随着计算机应用的普及和深入，数据库技术变得越来越重要了。本节主要讲解数据库系统的基本概念、特点、内部体系结构及其发展历程。

4.1.1 数据库、数据库管理系统、数据库系统

学习提示

【熟记】数据、数据库、数据库管理系统和数据库管理员的定义

【理解】数据库系统、数据库管理系统和数据库三者的关系

1. 数据

数据	描述事物的符号记录称为数据（data）。

描述事物的符号可以是数字，也可以是文字、声音、图形、图像等，数据有多种表现形式。

数据库系统中的数据有长期持久的作用，它们被称为持久性数据，而把一般存放在计算机内存中的数据称为临时性数据。

数据具有一定的结构，有型（Type）与值（Value）两个概念。

- “型”就是数据的类型，如整型、实型、字符型等。
- “值”给出符合给定型的值，如整型值20，实型值2.35，字符型值“I”等。

2. 数据库

数据库	数据库（Database, 简称DB）是指长期存储在计算机内的、有组织的、可共享的数据集合。

数据库中的数据按一定的数据模型组织、描述和存储，具有较小的冗余度、较高的数据独立性和易扩展性，并可为各种用户（应用程序）共享。

通俗的理解，数据库就是存放数据的仓库，只不过，数据库存放数据是按数据所提供的数据模式存放的。

数据库中的数据具有两大的特点：“集成”与“共享”。

3. 数据库管理系统

数据库管理系统	数据库管理系统（Database Management System，简称DBMS）是数据库的机构，它是一个系统软件，负责数据库中的数据组织、数据操纵、数据维护、控制及保护和数据服务等。

目前流行的DBMS均为关系数据库系统，例如Oracle、PowerBuilder、DB2和SQL Sever等。另外有些小型的数据库，如Visual FoxPro和Access等。一些常用的DBMS界面如图4-1所示。

数据库管理系统是数据库系统的核心，它位于用户与操作系统之间，从软件分类的角度来说，属于系统软件。

数据库管理系统的主要功能包括以下几个方面：

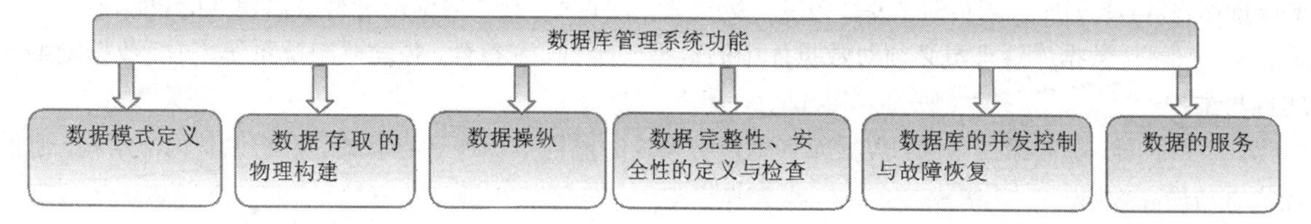

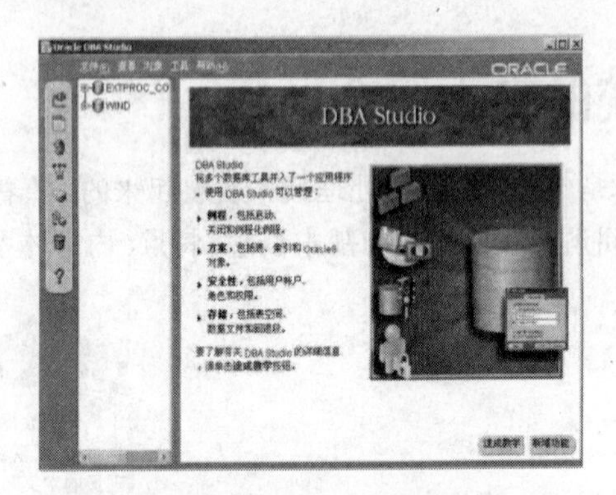

(a) Oracle 数据库管理系统工作界面

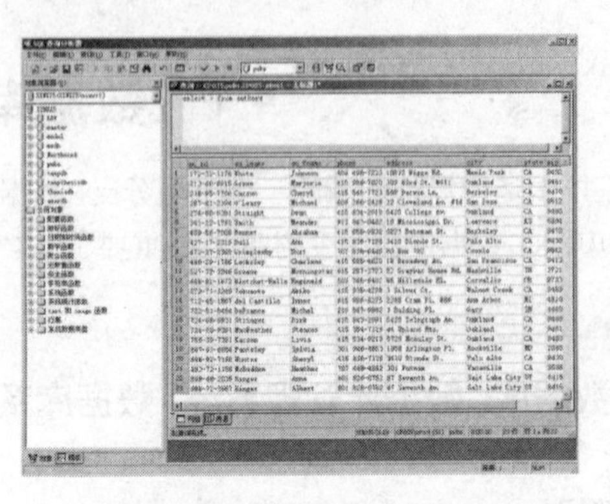

(b) SQL Server 数据库管理系统工作界面

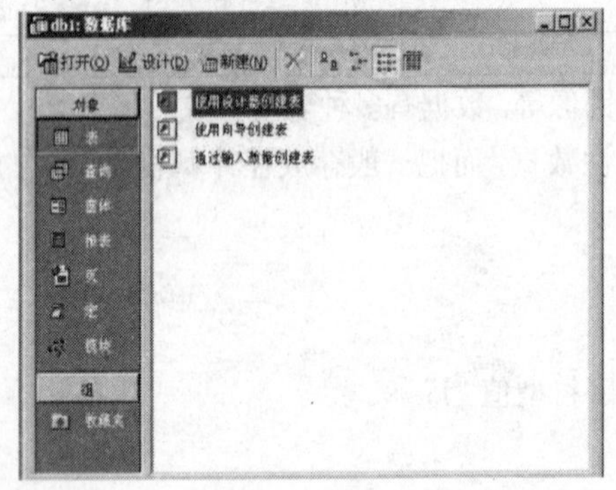

(c) Access 数据库管理系统工作界面

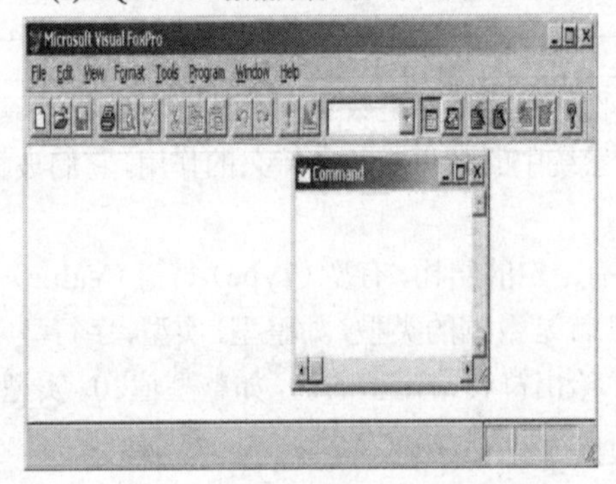

(d) Visual FoxPro 数据库管理系统工作界面

图4-1 一些常用的DBMS界面

为了完成以上6个功能，DBMS提供了相应的数据语言，它们是：

- 数据定义语言。该语言负责数据的模式定义与数据的物理存取构建。
- 数据操纵语言。该语言负责数据的操纵，包括查询与增、删、改等操作。
- 数据控制语言。该语言负责数据完整性、安全性的定义与检查以及并发控制、故障恢复等功能。

上述数据语言按其使用方式具有以下两种结构形式。

- 交互式命令语言：它的语言简单，能在终端上即时操作，它又称为自含型或自主型语言。
- 宿主型语言：它一般可嵌入某些宿主语言中，如C、C++和COBOL等高级过程性语言中。

4. 数据库管理员

数据库管理员	由于数据库的共享性，因此对数据库的规划、设计、维护、监视等需要有专人管理，称他们为数据库管理员。

数据库管理员的主要工作如下所述。

- 数据库设计：数据库管理员的主要任务之一是做数据库设计，具体地说是进行数据模式的设计。
- 数据库维护：数据库管理员必须对数据库中的数据安全性、完整性、并发控制及系统恢复、数据定期转存等进行实施与维护。
- 改善系统性能，提高系统效率：数据库管理员必须随时监视数据库运行状态，不断调整内部结构，使系统保持最佳状态与最高效率。

5. 数据库系统

数据库系统	数据库系统由如下几部分组成：数据库、数据库管理系统、数据库管理员、系统平台之一——硬件平台，系统平台之二——软件平台，这些构成了一个以数据库管理系统为核心的完整的运行实体，称为数据库系统。

在数据库系统中，硬件平台和软件平台所包含的内容和说明如表4-1所示。

表4-1 数据库系统

数据库系统	硬件平台	计算机	它是系统中硬件的基础平台，常用的有微型机、小型机、中型机及巨型机
		网络	数据库系统今后将以建立在网络上为主，而其结构分为客户/服务器（C/S）方式与浏览器/服务器（B/S）方式
	软件平台	操作系统	它是系统的基础软件平台，常用的有各种UNIX（包括LINUX）与Windows两种
		数据库系统开发工具	为开发数据库应用程序所提供的工具，包括过程性设计语言，如C、C++等，也包括可视化开发工具VB、PB等，还包括了与INTERNET有关的HTML及XML等
		接口软件	在网络环境下，数据库系统中的数据库与应用程序，数据库与网络间存在着多种接口，需要接口软件进行连接，这些接口包括ODBC、JDBC等

6. 数据库应用系统

在数据库系统的基础上，如果使用数据库管理系统（DBMS）软件和数据库开发工具书写出应用程序，用相关的可视化工具开发出应用界面，则构成了数据库应用系统（Database Application System，简称DBAS）。DBAS由数据库系统、应用软件及应用界面三者组成。

因此，DBAS包括数据库、数据库管理系统、人员（数据库管理员和用户）、硬件平台、软件平台、应用软件、应用界面7个部分。

数据库应用系统的层次结构如图4-2所示，其中，将应用软件与应用界面合称为应用系统。

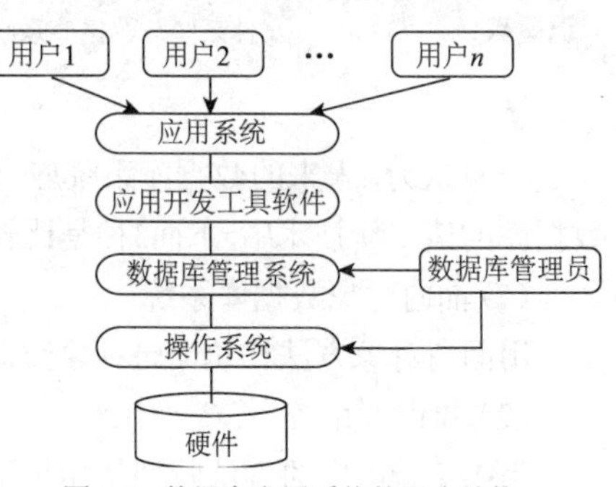

图4-2 数据库应用系统的层次结构

请注意

在数据库系统、数据库管理系统和数据库三者之间，数据库管理系统是数据库系统的组成部分，数据库又是数据库管理系统的管理对象，因此我们可以说数据库系统包括数据库管理系统，数据库管理系统又包括数据库。

4.1.2 数据库技术的发展

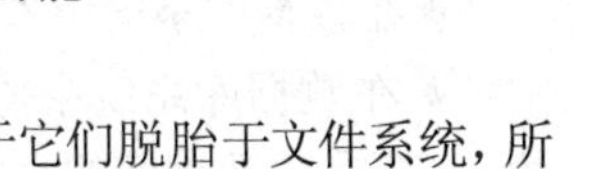

【理解】数据管理3个阶段的比较

数据管理技术的发展经历了3个阶段：人工管理阶段、文件系统阶段和数据库系统阶段。

文件系统是数据库系统发展的初级阶段，它具有提供简单的数据共享与数据管理的能力，但是它缺少提供完整、统一的管理和数据共享的能力。

层次数据库与网状数据库的发展为统一管理与共享数据提供了有力的支撑，但是由于它们脱胎于文件系统，所以这两种系统也存在不足。

关系数据库系统结构简单，使用方便，逻辑性强，物理性少，因此在20世纪80年代以后一直占据数据库领域的主导地位。

关于数据管理3个阶段中的软硬件背景及处理特点，简单概括如表4-2所示。

表4-2 数据管理3个阶段的比较

		人工管理阶段	文件管理阶段	数据库系统管理阶段
背景	应用目的	科学计算	科学计算、管理	大规模管理
	硬件背景	无直接存取设备	磁盘、磁鼓	大容量磁盘
	软件背景	无操作系统	有文件系统	有数据库管理系统
	处理方式	批处理	联机实时处理、批处理	分布处理、联机实时处理和批处理
特点	数据管理者	人	文件系统	数据库管理系统
	数据面向的对象	某个应用程序	某个应用程序	现实世界
	数据共享程度	无共享，冗余度大	共享性差，冗余度大	共享性大，冗余度小
	数据的独立性	不独立，完全依赖于程序	独立性差	具有高度的物理独立性和一定的逻辑独立性
	数据的结构化	无结构	记录内有结构，整体无结构	整体结构化，用数据模型描述
	数据控制能力	由应用程序控制	由应用程序控制	由DBMS提供数据安全性、完整性、并发控制和恢复

请思考 文件系统与数据库系统有什么区别?

一般认为，未来的数据库系统应支持数据管理、对象管理和知识管理，应该具有面向对象的基本特征。在关于数据库的诸多新技术中，下面3种是比较重要的。

(1) 面向对象数据库系统

用面向对象方法构筑面向对象数据模型使其具有比关系数据库系统更为通用的能力。

(2) 知识库系统

用人工智能中的方法特别是用谓词逻辑知识表示方法构筑数据模型，使其模型具有特别通用的能力。

(3) 关系数据库系统的扩充

利用关系数据库作进一步扩展，使其在模型的表达能力与功能上有进一步的加强，如与网络技术相结合的Web数据库、数据仓库及嵌入式数据库等。

4.1.3 数据库系统的基本特点

【熟记】数据独立性的概念及其包括的两类独立性

与人工管理和文件系统相比，数据库管理阶段具有如下特点。

1. 数据集成性

数据库系统的数据集成性主要表现在如下几个方面。

- 在数据库系统中采用统一的数据结构方式。
- 在数据库系统中按照多种应用的需要组织全局的统一的数据结构（即数据模式），既要建立全局的数据结构，又要建立数据间的语义联系，从而构成一个内在紧密联系的数据整体。
- 数据库系统中的数据模式是多个应用共同的、全局的数据结构，而每个应用的数据则是全局结构中的一部分，称为局部结构（即视图），这种全局与局部相结合的结构模式构成了数据库数据集成性的主要特征。

2. 数据的共享性高，冗余性低

由于数据的集成性使得数据可为多个应用所共享。数据的共享自身极大地减少了数据冗余性，不仅减少存储空间，还避免数据的不一致性。

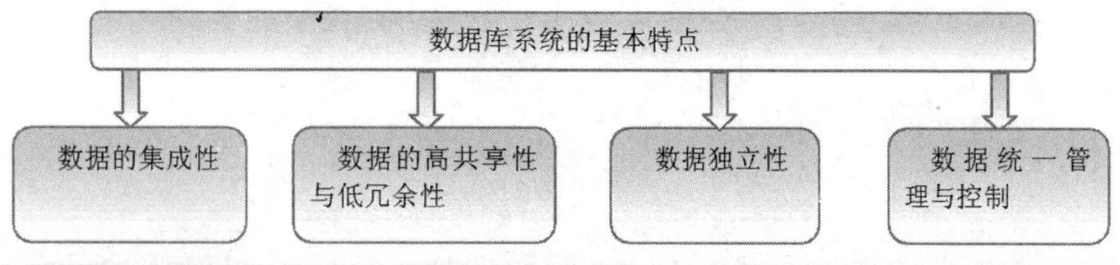

一致性	在系统中同一数据在不同位置的出现应保持相同的值。
不一致性	同一数据在系统的不同拷贝处有不同的值。

因此，减少冗余性以避免数据的不同出现是保证系统一致性的基础。

3. 数据独立性高

数据独立性	数据库中数据独立于应用程序且不依赖于应用程序，即数据的逻辑结构、存储结构与存取方式的改变不会影响应用程序。

数据独立性包括数据的物理独立性和数据的逻辑独立性两级。

物理独立性	指数据的物理结构的改变，包括存储结构的改变、存储设备的更换、存取方式的改变不会影响数据库的逻辑结构，也不会引起应用程序的改动。
逻辑独立性	指数据库的总体逻辑结构的改变，如改变数据模型、增加新的数据结构、修改数据间的联系等，不会导致相应的应用程序的改变。

数据独立性是由DBMS的二级映射功能来实现的，将在4.1.4节中介绍。

4. 数据统一管理与控制

数据库系统不仅为数据提供了高度的集成环境，也为数据提供了统一的管理手段，这主要包括以下3个方面。

- 数据的安全性保护：检查数据库访问者以防止非法访问。
- 数据的完整性检查：检查数据库中数据的正确性以保证数据的正确。
- 并发控制：控制多个应用的并发访问所产生的相互干扰以保证其正确性。

4.1.4 数据库系统体系结构

【熟记】三级模式的概念
【理解】三级模式之间的两级映射

数据库的产品很多，它们支持不同的数据模型，使用不同的数据库语言，建立在不同的操作系统上，数据的存储结构也各不相同，但体系结构基本上都具有相同的特征，采用“三级模式和两级映射”，这是数据库管理系统内部的系统结构，如图4-3所示。

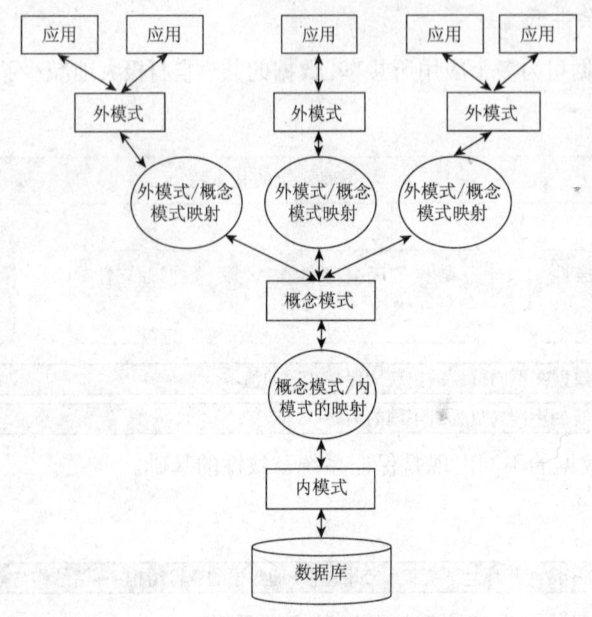

图4-3　三级模式、两级映射关系图

1. 数据库系统的三级模式结构

数据库系统在其内部分为三级模式，即概念模式、内模式和外模式。

(1) 概念模式（Conceptual Schema）

概念模式	概念模式也称为模式，是数据库系统中全局数据逻辑结构的描述，全体用户的公共数据视图。

(2) 外模式（External Schema）

外模式	外模式也称子模式或者用户模式，是用户的数据视图，也就是用户所能够看见和使用的局部数据的逻辑结构和特征的描述，是与某一应用有关的数据的逻辑表示。

外模式通常是模式的子集，一个数据库可以有多个外模式。

(3) 内模式（Internal Schema）

内模式	内模式又称物理模式，是数据物理结构和存储方式的描述，是数据在数据库内部的表示方式。

模式的三个级别层次反映了模式的三个不同环境以及它们的不同要求，其中内模式处于最底层，它反映了数据在计算机物理结构中的实际存储形式，概念模式处于中层，它反映了设计者的数据全局逻辑要求，而外模式处于最外层，它反映了用户对数据的要求。

请注意  一个数据库只有一个概念模式和一个内模式，有多个外模式。

2. 数据库系统的两级映射

数据库系统在三级模式之间提供了两级映射：外模式/概念模式的映射和概念模式/内模式的映射。

两级映射保证了数据库中的数据具有较高的逻辑独立性和物理独立性。

(1) 外模式/概念模式的映射：对于每一个外模式，数据库系统都提供一个外模式/概念模式的映射，它定义了该外模式描述的数据局部逻辑结构和概念模式描述的全局逻辑结构之间的对应关系。

当概念模式改变时，只需要修改外模式/概念模式映射即可，外模式可以保持不变。由于应用程序是根据数据的外模式编写的，因此应用程序也不必修改，保证了数据的逻辑独立性。

（2）概念模式/内模式的映射：数据库只有一个概念模式和一个内模式，所以概念模式/内模式的映射是唯一的，它定义了概念模式描述的全局逻辑结构和内模式描述的存储结构之间的对应关系。

当内模式改变时，只需要改变概念模式/内模式的映射，概念模式可以保持不变，从而应用程序保持不变，保证了数据的物理独立性。

4.2 数据模型

现有的数据库系统都是基于某种数据模型而建立的，数据模型是数据库系统的基础，理解数据模型的概念对于学习数据库的理论是至关重要的。所谓模型，是对现实世界特征的模拟和抽象。人们对于具体的模型并不陌生，如地图、模型飞机和建筑设计沙盘都是具体的模型。

本节主要讲解数据模型的基本概念、E-R模型和关系模型。

4.2.1 数据模型的基本概念

学习提示

【熟记】数据模型的三要素及类型

1. 数据模型的概念

数据是现实世界符号的抽象，数据模型（Data Model）则是对数据特征的抽象。通俗来讲，数据模型就是对现实世界的模拟、描述或表示，建立数据模型的目的是建立数据库来处理数据。

从事物的客观特性到计算机里的具体表示包括了现实世界、信息世界和机器世界3个数据领域。

① 现实世界。现实世界就是客观存在的各种事物，是用户需求处理的数据来源。

② 信息世界。通过抽象对现实世界进行数据库级上的描述所构成的逻辑模型。

③ 机器世界。致力于在计算机物理结构上的描述，是现实世界的需求在计算机中的物理实现，而这种实现是通过逻辑模型转化而来的。

2. 数据模型的三要素

数据模型从抽象层次上描述了数据库系统的静态特征、动态行为和约束条件，因此数据模型通常由数据结构、数据操作及数据约束3部分组成。

（1）数据结构

数据结构是所研究的对象类型的集合，是对系统静态特性的描述。数据结构是数据模型的核心，不同的数据结构有不同的操作和约束，人们通常按照数据结构的类型来命名数据模型。例如，层次结构、网状结构和关系结构的数据模型分别命名为层次模型、网状模型和关系模型。

（2）数据操作

数据操作是相应数据结构上允许执行的操作及操作规则的集合。数据操作是对数据库系统动态特性的描述。

(3) 数据约束

数据的约束条件是一组完整性规则的集合。也就是说，具体的应用数据必须遵循特定的语义约束条件，以保证数据的正确、有效和相容。

3. 数据模型的类型

数据模型按照不同的应用层次分为以下3种类型。

① 概念数据模型（Conceptual Data Model）简称概念模型，它是一种面向客观世界、面向用户的模型，它与具体的数据库管理系统和具体的计算机平台无关。概念模型着重于对客观世界复杂事物描述及对它们的内在联系的刻画。目前，最著名的概念模型有实体联系模型和面向对象模型。

② 逻辑数据模型（Logic Data Model）也称数据模型，是面向数据库系统的模型，着重于在数据库系统一级的实现。成熟并大量使用的数据模型有层次模型、网状模型、关系模型和面向对象模型等。

③ 物理数据模型（Physical Data Model）也称物理模型，是面向计算机物理实现的模型，此模型给出了数据模型在计算机上物理结构的表示。

4.2.2 E-R模型

学习提示
【熟记】E-R模型的基本概念
【理解】E-R图

实体联系模型（Entity-Relationship Model）简称E-R模型，是广泛使用的概念模型。它采用了3个基本概念：实体、联系和属性。通常首先设计一个E-R模型，然后再把它转换成计算机能接收的数据模型。

1. E-R模型的基本概念

(1) 实体

实体	客观存在并且可以相互区别的事物。

实体可以是一个实际的事物，例如，一本书、一间教室等；实体也可以是一个抽象的事件，例如，一场演出、一场比赛等。

(2) 属性

属性	描述实体的特性称为属性。

例如，一个学生可以用学号、姓名、出生年月等来描述。

(3) 联系

联系	实体之间的对应关系称作联系，它反映现实世界事物之间的相互关联。

实体间联系的种类是指一个实体型中可能出现的每一个实体和另一个实体型中多少个具体实体存在联系，可归纳为3种类型，见表4-3。

2. E-R模型3个基本概念之间的联接关系

E-R模型的3个基本概念是实体、联系和属性，但现实世界是有机联系的整体，为了能表示现实世界，必须把这三者结合起来。

(1) 实体（集）与联系的结合

一般来说，实体集之间必须通过联系来建立联接关系。

表4-3 实体间联系的类型

联系种类	说明	实例	对应图例
一对一联系 （1∶1）	如果实体集A中的每一个实体只与实体集B中的一个实体相联系，反之亦然，则说这种关系是一对一联系	一个学校只有一名校长，并且校长不可以在别的学校兼职，校长与学校的关系就是一对一联系	学校——校长
一对多联系 （1∶*n*）	如果实体集A中的每一个实体，在实体集B中都有多个实体与之对应；实体集B 中的每一个实体，在实体集A中只有一个实体与之对应，则称实体集A与实体集B是一对多联系	公司的一个部门有多名职员，每一个职员只能在一个部门任职，则部门与职员之间的联系就是一对多的联系	部门 1——职员甲、职员乙、职员丙
多对多联系 （*n*∶*m*）	如果实体集A中的每一个实体，在实体集B中都有多个实体与之对应，反之亦然，则称这种关系是多对多联系	一个学生可以选多门课程，一门课程可以被多名学生选修，学生和课程的联系就是多对多联系	课程 1、课程 2、课程 3——学生 A、学生 B、学生 C

例如，教师与学生之间无法建立直接联系，它只能通过“教与学”的联系才能在相互之间建立关系。

实体和联系的结合是对错综复杂的现实世界的高度的概括和抽象。

（2）属性与实体集（联系）的结合

实体和联系是概念世界的基本元素，而属性是附属于实体和联系的，它本身并不构成独立的单位。

一个实体可以具有若干个属性，每个属性具有自己的值域，属性在值域内取值。实体以及它的所有属性一起构成该实体的一个完整描述。实体有“型”和“值”之分，一个实体的所有属性构成了这个实体的“型”，而一个实体中所有属性值的集合（称为一个元组）则构成了这个实体的“值”。

例如，在表4-4的学生档案表中，实体的型是由学号、姓名、性别、年龄、院系、班级属性组成，而每一行是一个实体，（20063245，张吉，男，21，计算机，2班）是一个实体，（20063256，陈日科，男，20，商学院，1班）是另一个实体，表内的所有实体具有相同的型，构成一个实体集。

表4-4 学生档案表

学号	姓名	性别	年龄	院系	班级
20063245	张吉	男	21	计算机	2班
20063256	陈日科	男	20	商学院	1班
20063267	汤璐瑛	女	20	生态系	1班
20063281	陈功	男	22	地理系	3班

联系也可以附有属性，例如，供应商和零件两个实体之间有“供应”的联系，该联系具有“供应量”的属性。联系和它的属性构成了联系的一个完整描述。

请思考  联系有哪3种类型？它们的区别是什么？

3. E-R图

E-R模型可以用图形来表示，称为E-R图。E-R图可以直观的表达出E-R模型。在E-R图中我们分别用下面不同的几何图形表示E-R模型中的3个概念（见表4-5）与两个联接关系。

表4-5 几何图形表示E-R模型中的3个概念

概念	含义	实例
实体集表示法	E-R图用矩形表示实体集，并在矩形内写上实体集的名字	如实体集学生（student）、课程（course），如图4—4（a）所示
属性表示法	E-R图用椭圆形表示属性，在椭圆形内写上该属性的名称	如学生属性学号（S#）、姓名（Sn）及年龄（Sa），如图4—4（b）所示
联系表示法	E-R图用菱形表示联系，在菱形内写上联系名	如学生与课程间的联系SC，如图4—4（c）所示

student course　S# Sn Sa

（a）实体集表示法　（b）属性表示法　（c）联系表示法

图4-4　E-R模型3个概念的示意图

3个基本概念分别用3种几何图形表示。它们之间的联接关系也可用图形表示。

（1）实体集（联系）与属性间的联接关系

属性依附于实体集，因此，它们之间有联接关系。在E-R图中这种关系可用联接这两个图形间的无向线段表示（一般用直线）。

如实体集student有属性S#（学号）、Sn（学生姓名）及Sa（学生年龄）；实体集course有属性C#（课程号）、Cn（课程名）及P#（预修课号），此时它们可用图4-5（a）联接。

属性也依附于联系，它们之间也有联接关系，因此也可用无向线段表示。如联系SC可与学生的课程成绩属性G建立联接并可用图4-5（b）表示。

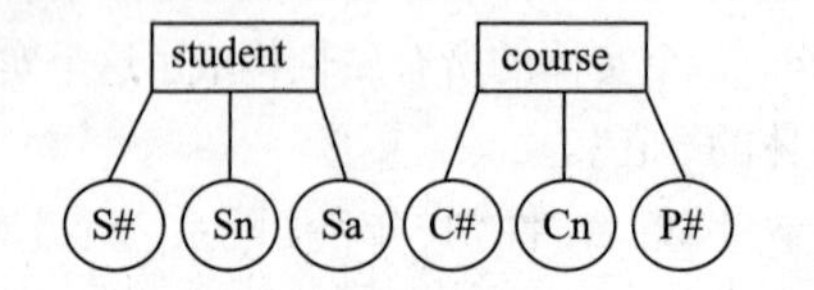

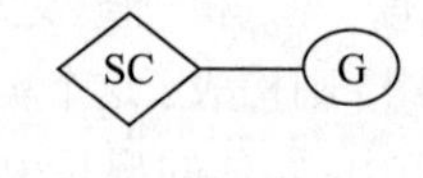

（a）实体集的属性间的联接　（b）联系与属性间的联接

图4-5　实体集（联系）与属性间的联接关系图

（2）实体集与联系间的联接关系

在E-R图中，实体集与联系间的联接关系可用联接这两个图形间的无向线段表示。

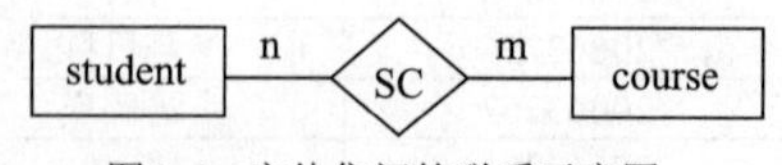

图4-6　实体集间的联系示意图

如实体集student与联系SC间有联接关系，实体集与course与联系SC间也有联系，因此它们之间可用无向线段相联，为了刻画函数关系，在线段边上注明其对应函数关系，如1∶1，1∶n，n∶m等，构成一个如图4-6所示的图。

实体集间的联系除了上面所示的两个实体集之间的联系外，还包括3个实体集间的联系和3个以上实体集间的联系。例如，课程、教师和教科书三者联系的例子，用E-R图可以表示为如图4-7所示。

一个实体集内部具有的联系，例如，职工实体集内的实体之间可能具有婚姻联系，E-R图表示如图4-8所示。

实体集之间可有多种联系。例如，教师与学生之间具有教学联系，还具有管理联系，E-R图表示如图4-9所示。

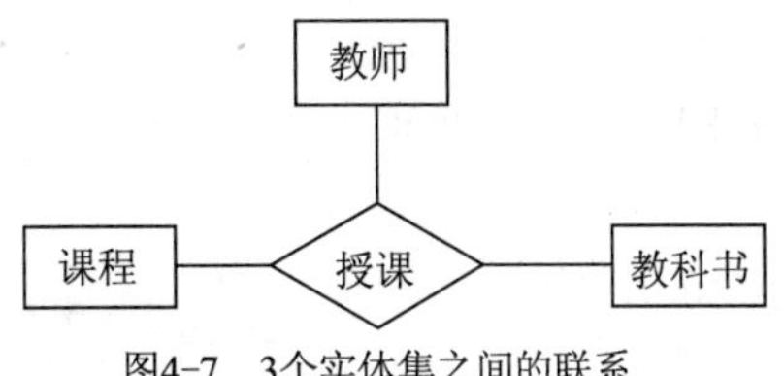

图4-7　3个实体集之间的联系

图4-8　同一实体集内的联系

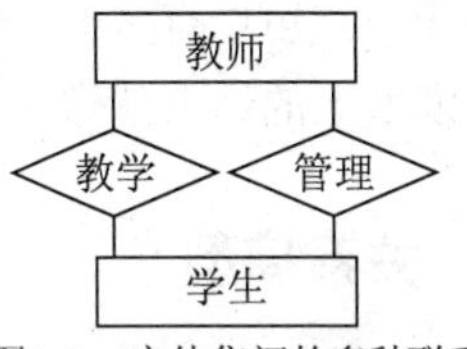

图4-9　实体集间的多种联系

4.2.3 层次模型

学习提示
【熟记】层次模型的数据结构

如前所述，数据模型通常由数据结构、数据操作及数据约束3部分组成。因此，本书在介绍层次模型、网状模型、关系模型这3种数据模型时，主要从这3方面来展开。

1. 层次模型的数据结构

层次模型	用树型结构表示实体及其之间联系的模型称为层次模型。在层次模型中，结点是实体，树枝是联系，从上到下是一对多的关系。

支持层次模型的数据库管理系统称为层次数据库管理系统，其中的数据库称为层次数据库。

层次模型的特点如下所述：

- 有且仅有一个无父结点的根结点，它位于最高的层次，即顶端。
- 根结点以外的子结点，向上有且仅有一个父结点，向下可以有一个或多个子结点。

层次模型如图4-10所示。

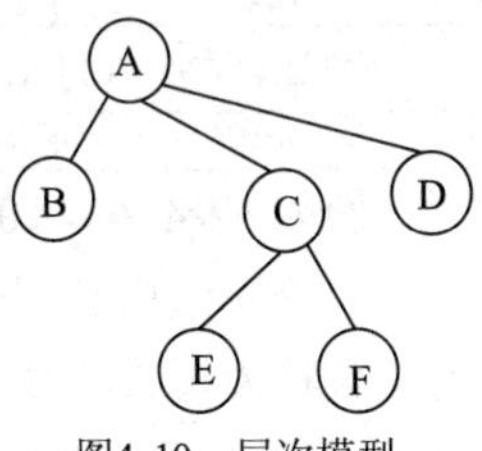

图4-10　层次模型

生活中有很多层次模型的例子，家谱就是其中很有代表性的一个。家族的祖先就是父结点，向下体现一对多的关系。除祖先外的所有家庭成员都可以看作是上级父结点的子结点，向上有且仅有一个父结点，向下有一个或多个子结点。

2. 层次模型的数据操作和完整性约束

层次模型的数据操作主要有查询、插入、删除和修改。进行数据操作时，应该满足的完整性约束条件如下所述。

- 进行插入操作时，如果没有相应的双亲结点值就不能插入子女结点值。
- 进行删除操作时，如果删除的结点有子女结点，则相应的子女结点也被同时删除。
- 进行修改操作时，应修改所有相应的记录，以保证数据的一致性。

4.2.4 网状模型

网状模型	用网状结构表示实体及其之间联系的模型称为网状模型。可以说，网状模型是层次模型的扩展，表示多个从属关系的层次结构，呈现一种交叉关系。

支持网状模型的数据库管理系统称为网状数据库管理系统，其中的数据库称为网状数据库。

网状模型如图4-11所示。

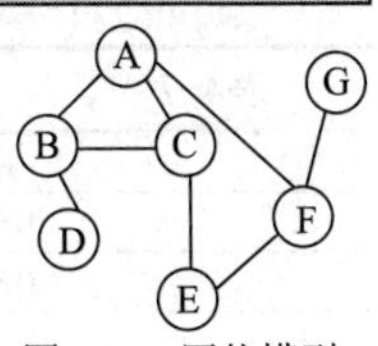

图4-11　网状模型

网状模型的特点如下：

- 允许一个或多个结点无父结点；

● 一个结点可以有多于一个的父结点。

网状模型上的结点就像是连入到互联网上的计算机一样，可以在任意两个结点之间建立起一条通路。

4.2.5 关系模型

学习提示

【熟记】关系模型中的术语、数据操作和完整性约束

1. 关系模型的数据结构

关系模型（Relation Model）是目前最常用的数据模型之一。关系模型的数据结构非常单一，在关系模型中，现实世界的实体以及实体间的各种联系均用关系来表示。

关系模型中常用的术语如下所示。

关系	关系模型采用二维表来表示关系，简称表，由表框架及表的元组组成。一个二维表就是一个关系。

例如，表4-6的二维表就是一个关系。

属性	二维表中的一列称为属性。

例如，表4-6的属性有学号、姓名、系号等，二维表中属性的个数称为属性元数（Arity）。表4-6中的关系属性元数为“5”。

值域	每个属性的取值范围。

例如，表4-6的Age属性的值域不能为负数。

元组	二维表中的一行称为元组。

例如，表4-6的（06001，方铭，01，22，男）就是一个元组。

一个元组由若干个元组分量组成，每个元组分量是属性的投影值。元组分量的个数等于属性元数，表中元组的个数称为表的基数（Cardinality）。

候选码	二维表中能唯一标识元组的最小属性集。

例如，在表4-6中，如果姓名不允许重名时，学号和姓名都是候选码。

主键或主码	若一个二维表有多个候选码，则选定其中一个作为主键供用户使用。

例如，在表4-6中，存在两个候选码：学号和姓名，若选中学号作为唯一标识，那么，学号就是学生登记表关系的主码。

二维表中一定要有键，因为如果表中所有属性的子集均不是键，则表中属性的全集必为键（称为全键），因此也一定有主键。

外键或外码	表M中的某属性集是表N的候选键或者主键，则称该属性集为表M的外键或外码。

例如，如果表4-7系信息表关系的主码是“系号”，那么，在学生登记表（表4-6）中的“系号”就是外码。

表4-6 学生登记表

学号	姓名	系号	年龄	性别
06001	方铭	01	22	男
06003	张静	02	22	女
06234	白穆云	03	21	男

表4-7 系信息表

系号	系名	主任
06001	计算机	01
06003	物理	02
06234	数学	03

关系具有以下7条性质。

① 元组个数有限性：二维表中元组的个数是有限的。

② 元组的唯一性：二维表中任意两个元组不能完全相同。

③ 元组的次序无关性：二维表中元组的次序，即行的次序可以任意交换。

④ 元组分量的原子性：二维表中元组的分量是不可分割的基本数据项。

⑤ 属性名唯一性：二维表中不同的属性要有不同的属性名。

⑥ 属性的次序无关性：二维表中属性的次序可以任意交换。

⑦ 分量值域的同一性：二维表属性的分量具有与该属性相同的值域，或者说列是同质的。

满足以上7个性质的二维表称为关系，以二维表为基本结构所建立的模型称为关系模型。

2. 关系模型的数据操作

关系模型的数据操作是建立在关系上的数据操作，一般有查询、增加、删除及修改4种操作。

① 数据查询。用户可以查询关系数据库中的数据，它包括一个关系内的查询以及多个关系间的查询。

② 数据删除。数据删除的基本单位是一个关系内的元组，它的功能是将指定关系内的元组删除。

③ 数据插入。数据插入仅对一个关系而言，在该关系内插入一个或若干个元组。

④ 数据修改。数据修改是在一个关系中修改指定的元组与属性。

3. 关系模型的完整性约束

关系模型中可以有3类完整性约束：实体完整性约束、参照完整性约束和用户定义的完整性约束。其中前两种完整性约束是关系模型由关系数据库系统自动支持。用户定义的完整性约束是用户使用由关系数据库提供的完整性约束语言来设定写出约束条件，运行时由系统自动检查。

在这3种完整性约束中，前两种约束是任何一个关系数据库都必须满足的，由关系数据库管理系统自动支持。

(1) 实体完整性约束（Entity Integrity Constraint）

若属性M是关系的主键，则属性M中的属性值不能为空值。

例如，在表4-6的学生登记表中，主码为“学号”，则“学号”不能取空值。

(2) 参照完整性约束（Referntial Integrity Constraint）

若属性（或属性组）A是关系M的外键，它与关系N的主码相对应，则对于关系M中的每个元组在A上的值必须为：

① 要么取空值（A的每个属性值均为空值）；

② 要么等于关系N中某个元组的主码值。

例如，对于表4-6学生登记表和表4-7系信息表，学生登记表中每个元组的“系号”属性只能取下面两类值：

① 空值，表示尚未给该学生分配系；

② 非空值，这时该值必须是系信息表关系中某个元组的“系号”值，表示该学生不可能分配到一个不存在的系中。

(3) 用户定义的完整性约束（User defined Integrity Constraint）

用户定义的完整性约束反映了某一具体应用所涉及的数据必须满足的语义要求。例如，某个属性的取值范围在1~200之间，某个属性必须取唯一值等。

请思考 ? 关系模型的完整性约束有哪些?

4.3 关系代数

关系数据库系统的特点之一是，它是建立在数学理论基础之上的，有很多数学理论可以表示关系模型的数据操作，其中最为著名的是关系代数与关系演算。本节将介绍关于关系数据库的理论——关系代数。

4.3.1 关系代数的基本运算

学习提示
【掌握】关系代数的基本运算

关系模型有插入、删除、修改和查询4种基本运算，本节主要讲解查询运算。

用于查询的3个操作无法用传统的集合运算表示，需要引入一些新的运算。

1. 投影运算

投影	从关系模式中指定若干个属性组成新的关系称为投影。

对R关系进行投影运算的结果记为$\pi_A(R)$，其形式定义如下：

$$\pi_A(R) = \{ t[A] \mid t \in R \}$$

其中，A为R中的属性列。

例如，对关系R中的“系”属性进行投影运算，记为$\pi_{系}(R)$，得到无重复元组的新关系S，如图4-12所示。

关系R

姓 名	性 别	系
李明	男	新闻
赵刚	男	建筑
张圆	女	通信
王晓	男	电子
李健	男	数学
李文	男	建筑

投影运算后得到的新关系S

系
新闻
建筑
通信
电子
数学

图4-12 投影运算示意图

2. 选择运算

选择	从关系中找出满足给定条件的元组的操作称为选择。选择的条件以逻辑表达式给出，使得逻辑表达式为真的元组将被选取。

选择是在二维表中选出符合条件的行，形成新的关系的过程。

选择运算用公式表示为：

$$\sigma_F(R) = \{ t \mid t \in R \text{且} F(t) \text{为真} \}$$

其中，F表示选择条件，它是一个逻辑表达式，取逻辑值“真”或“假”。

逻辑表达式F由逻辑运算符¬、∧、∨连接各算术表达式组成。算术表达式的基本形式为：

$$X\theta Y$$

其中，θ表示比较运算符>、<、≤、≥、=或≠。*X*、*Y*等是属性名，或为常量，或为简单函数；属性名也可以用它的序号来代替。

例如，在关系*R*中选择出“系”为“建筑”的学生，表示为$\sigma_{系=建筑}(R)$，得到新的关系*S*，如图4-13所示。

关系*R*

姓 名	性 别	系
李明	男	新闻
赵刚	男	建筑
张圆	女	通信
王晓	男	电子
李健	男	数学
李文	男	建筑

选择运算后得到的新关系*S*

姓 名	性 别	系
赵刚	男	建筑
李文	男	建筑

图4-13　选择运算示意图

3. 笛卡尔积

设有*n*元关系*R*和*m*元关系*S*，它们分别有*p*和*q*个元组，则*R*与*S*的笛卡尔积记为：

$$R\times S$$

它是一个*m*+*n*元关系，元组个数是*p*×*q*。

关系*R*和关系*S*笛卡尔积运算的结果*T*如图4-14所示。

关系*R*

A	B	C
a	b	21
b	a	19
c	d	18
d	f	22

关系*S*

A	B	C
b	a	19
d	f	22
f	h	19

关系*T*=*R*×*S*

R.A	R.B	R.C	S.A	S.B	S.C
a	b	21	b	a	19
a	b	21	b	f	22
a	b	21	f	h	19
b	a	19	b	a	19
b	a	19	b	f	22
b	a	19	f	h	19
c	d	18	b	a	19
c	d	18	d	f	22
c	d	18	f	h	19
d	f	22	b	a	19
d	f	22	d	f	22
d	f	22	f	h	19

图4-14　笛卡尔积运算示意图

请注意

因为R×S生成的关系属性名有重复，按照“属性不能重名”的性质，通常把新关系的属性采用“关系名.属性名”的格式。

4.3.2 关系代数的扩充运算

关系代数中除了上述几个最基本的运算外，为操纵方便还需要增添一些称为扩充运算，这些运算均可由基本运算导出。

常用的扩充运算有交、除、连接及自然连接等。

1. 交

假设有n元关系R和n元关系S，它们的交仍然是一个n元关系，它由属于关系R且由属于关系S的元组组成，并记为$R \cap S$。交运算是传统的集合运算，但不是基本运算，它可由基本运算推导而得：

$$R \cap S = R - (R - S)$$

对图4-14中的R和S做交运算的结果如图4-15所示。

$R \cap S$

A	B	C
b	a	19
d	f	22

图4-15 $R \cap S$运算示例

2. 连接与自然连接

连接运算也称θ连接，是对两个关系进行的运算，其意义是从两个关系的笛卡尔积中选择满足给定属性间一定条件的那些元组。

设m元关系R和n元关系S，则R和S两个关系的连接运算用公式表示为：

$$R \underset{A\theta B}{\infty} S$$

它的含义可用下式定义：

$$R \underset{A\theta B}{\infty} S = \sigma_{A\theta B}(R \times S)$$

其中，A和B分别为R和S上度数相等且可比的属性组。连接运算从关系R和关系S的笛卡尔积$R \times S$中，找出关系R在属性组A上的值与关系S在属性组B上值满足θ关系的所有元组。

当θ为“＝”时，称为等值连接。

当θ为“<”时，称为小于连接。

当θ为“>”时，称为大于连接。

需要注意的是，在θ连接中，属性A和属性B的属性名可以不同，但是域一定要相同，否则无法比较。

设有关系R和关系S，如图4-16(a)、(b)所示，对图中的关系R和关系S做连接运算的结果见图4-16(c)、(d)：

在实际应用中，最常用的连接是一个叫自然连接的特例。自然连接要求两个关系中进行比较的是相同的属性，并且进行等值连接，相当于θ恒为“＝”，在结果中还要把重复的属性列去掉。自然连接可记为：

$$R \infty S$$

设有关系R和关系S，如图4-17(a)、(b)所示，则$R \infty S$的结果见图4-17。

R关系

A	B	C	D
a	b	b	20
b	a	d	21
c	d	f	17

(a)

S关系

E	F
19	d
20	f
18	h

(b)

$R \underset{D=E}{\infty} S$

A	B	C	D	E	F
a	b	b	20	20	f

(c)

$R \underset{D>E}{\infty} S$

A	B	C	D	E	F
a	b	b	20	19	d
a	b	b	20	18	h
b	a	d	21	19	d
b	a	d	21	20	f
b	a	d	21	18	h

(d)

图4-16　连接运算示例

R关系

A	B	C	D
a	b	b	20
b	a	d	21
c	d	f	17
c	d	h	22

(a)

S关系

D	E
19	d
20	f
21	h
20	d

(b)

$R \infty S$

A	B	C	D	E
a	b	b	20	f
a	b	b	20	d
b	a	d	21	h

(c)

图4-17　自然连接运算示例

3. 除

除运算可以近似地看作笛卡尔积的逆运算。当$S \times T = R$时，则必有$R \div S = T$，T称为R除以S的商。

除法运算不是基本运算，它可以由基本运算推导而得。设关系R有属性M_1，M_2，…，M_n，关系S有属性M_{n-s+1}，M_{n-s+2}，…，M_n，此时有：

$R \div S = \pi_{M_1, M_2, \cdots, M_{n-s}}(R) - \pi_{M_1, M_2, \cdots, M_{n-s}}((\pi_{M_1, M_2, \cdots, M_{n-s}}(R) \times S) - R)$

设有关系R、S，如图4-18(a)、(b)所示，求$T = R \div S$，结果见图4-18(c)：

R关系

A	B	C	D
a	b	19	d
a	b	20	f
a	b	18	b
b	c	20	f
b	c	22	d
c	d	19	d
c	d	20	f

(a)

S关系

C	D
19	d
20	f

(b)

$T = R \div S$

A	B
a	b
c	d

(c)

图4-18　除运算示例

4.3.3 关系代数的应用实例

关系代数虽然形式简单，但它已经足以表达对表的查询、插入、删除及修改等要求。下面通过一个例子来体会一下关系代数在查询方面的应用。

例，设学生课程数据库中有学生S、课程C和学生选课SC三个关系，关系模式如下：

学生S（Sno，Sname，Sex，SD，Age）

课程C（Cno，Cname，Pcno，Credit）

学生选课SC（Sno，Cno，Grade）

其中，Sno，Sname，Sex，SD，Age，Cno，Cname，Pcno，Credit，Grade分别代表学号、姓名、性别、所在系、年龄、课程号、课程名、预修课程号、学分、成绩。

请用关系代数表达式表达以下检索问题。

① 查询选修课程名为“数学”的学生号和学生姓名。

$$\pi_{\text{Sno, Sname}}(\sigma_{\text{Cname = '数学'}}(S\infty C\infty SC))$$

注意：这是一个涉及三个关系的检索。

② 查询至少选修了课程号为“1”和“3”的学生号。

$$\pi_1(\sigma_{1=4\wedge 2=1\wedge 5=\text{'3'}}(SC\infty SC))$$

③ 查询选修了“操作系统”或者“数据库”课程的学号和姓名。

$$\pi_{\text{Sno, Sname}}(S\infty(\sigma_{\text{Cname = '操作系统'}\vee\text{Cname = '数据库'}}(\text{SC}\infty C)))$$

④ 查询年龄在18~20之间（含18和20）的女生的学号、姓名及年龄。

$$\pi_{\text{Sno, Sname, Age}}(\sigma_{\text{Age}\leqslant\text{'18'}\wedge\text{Age}\geqslant\text{'20'}}(S))$$

⑤ 查询选修了“数据库”课程的学生的学号、姓名及成绩。

$$\pi_{\text{Sno, Sname, Grade}}(\sigma_{\text{Cname = '数据库'}}(S\infty C\infty SC))$$

⑥ 查询选修全部课程的学生姓名及所在系。

$$\pi_{\text{Sname, SD}}(S\infty(\pi_{\text{Sno, Cno}}(SC)\div\pi_{\text{Cno}}(C)))$$

⑦ 查询选修包括“1024”号学生姓名所学课程的学生学号。

$$\pi_{\text{Sno, Cno}}(SC)\div\pi_{\text{Cno}}(\sigma_{\text{Sno= '1024'}}(SC))$$

⑧ 查询不选修2号课程的学生姓名和所在系。

$$\pi_{2,4}(SC)-\pi_{2,4}(\sigma_{6=\text{'2'}}(S\infty SC))$$

4.4 数据库设计与管理

数据库设计是数据应用的核心。本节将重点介绍数据库设计中需求分析、概念设计和逻辑设计3个阶段，并结合实例说明如何进行相关的设计。

另外，本节还将简略的介绍数据库管理的内容和数据库管理员的工作。

4.4.1 数据库设计概述

1. 数据库设计的概念

数据库设计	是对于一个给定的应用环境，构造最优的数据库模式，建立性能良好的数据库，使之满足各种用户的需求（信息要求和处理要求）。

从数据库设计的定义可以看出，数据库设计的基本任务是根据用户对象的信息需求（对数据库的静态要求）、处理需求（对数据库的动态要求）和数据库的支持环境（包括硬件、操作系统与DBMS）设计出数据模式。

数据库设计的根本目标是要解决数据共享问题。

2. 数据库设计的方法

数据库设计的方法可以分为两类。

面向数据的方法(Data-Oriented Appoach)：以信息需求为主，兼顾处理需求。

面向过程的方法(Data-Oriented Appoach)：以处理需求为主，兼顾信息需求。

其中，面向数据的方法是主流的设计方法。

3. 数据库设计的步骤

数据库设计目前一般采用生命周期法，即将整个数据库应用系统的开发分解成目标独立的若干阶段。它们是：需求分析阶段、概念设计阶段、逻辑设计阶段、物理设计阶段、编码阶段、测试阶段、运行阶段、进一步修改阶段。在数据库设计中采用上面几个阶段中的前4个阶段，并且主要以数据结构与模型的设计为主线，如图4-19所示。

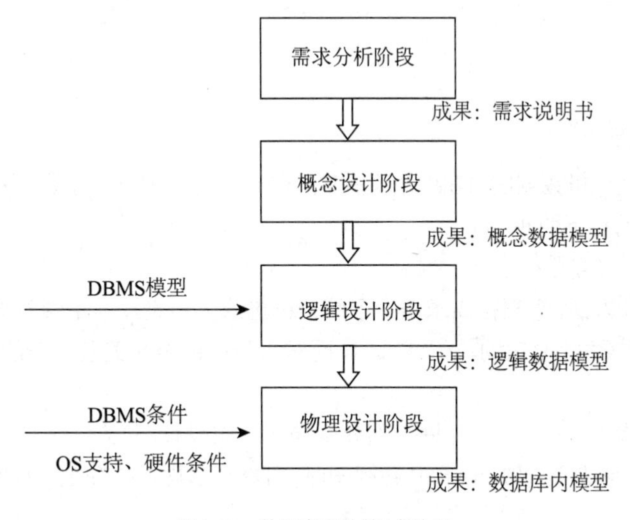

图4-19　数据库设计的4个阶段

4.4.2 需求分析

需求分析简单地说就是分析用户的要求，需求分析是设计数据库的起点，需求分析的结果是否准确地反映了用户的实际要求，将直接影响到后面各个阶段的设计，并影响到设计结果是否合理和实用。

需求分析阶段收集到的基础数据和一组数据流图（DFD）是下一步设计概念结构的基础。

1. 需求分析的任务

需求分析的任务是通过详细调查现实世界要处理的对象（组织、部门、企业等），充分了解原系统工作概况，明确用户的各种需求，然后在此基础上确定新系统的功能。新系统必须充分考虑今后可能的扩充和改变，不能仅仅按当前应用需求来设计数据库。

2. 需求分析的方法

需求分析的方法主要有结构化分析方法和面向对象分析方法。这两种方法本教材在第3章都做了详细介绍，在此对结构化分析方法（Structured Analysis，简称SA方法）作简要的回顾。

SA方法采用自顶向下，逐步分解的方式分析系统。SA方法的常用工具是数据流图和数据字典。数据流图用于表达数据和处理过程的关系。数据字典是对系统中各类数据描述的集合，是进行详细的数据收集和数据分析所获得的主要成果。

数据字典包括数据项、数据结构、数据流、数据存储和处理过程5个部分，如表4-8所示。

表4-8 数据字典包括内容

数据项	数据的最小单位
数据结构	是若干数据项有意义的集合
数据流	可以是数据项，也可以是数据结构，表示某一处理过程的输入或输出
数据存储	处理过程中存取的数据，常常是手工凭证、手工文档或计算机文档
处理过程	处理过程的具体处理逻辑一般用判定表或判定树来描述

4.4.3 概念设计

1. 数据库概念设计的方法

数据库概念设计的目的是分析数据间内在的语义关联，在此基础上建立一个数据的抽象模型——概念模型。数据库概念设计的方法有以下两种。

（1）集中式模式设计法

这是一种统一的模式设计方法，它根据需求由一个统一机构或人员设计一个综合的全局模式。设计简单方便，强调统一与一致，适用于小型或并不复杂的单位或部门，而对大型的或语义关联复杂的单位则并不合适。

（2）视图集成设计法

这种方法是先把系统分为若干个部分，对每个部分做局部模式设计，建立各个部分的视图，然后把各视图合并起来。由于视图设计的分散性形成不一致，在合并各视图时，可能会出现一些冲突，因此，还需对各视图进行修正，最终形成全局模式。

2. 数据库概念设计的过程

概念设计最常用的方法就是P.P.S.Chen于1976年提出的实体—联系方法，简称E-R方法。它采用E-R模型，将现实世界的信息结构统一由实体、属性以及实体之间的联系来描述。它按照“视图集成设计法”分为3个步骤。

第1步：选择局部应用。

第2步：视图设计——逐一设计分E-R图。

第3步：视图集成——E-R图合并，得到概念模式。

下面对各个步骤进行详细说明。

（1）选择局部应用

根据系统的实际情况，选择多层的数据流图中一个适当层次的数据流图，让这组图中每一部分对应一个局部应用，以这一层次的数据流图出发，就能很好的设计一个E-R图。

（2）视图设计

视图设计的策略通常有以下3种。

① 自顶向下：首先定义抽象级别高，普遍性强的对象，然后逐步细化。

② 自底向上：首先定义具体的对象，逐步抽象，普遍化和一般化，最后形成一个完整的分E-R图。

③ 由内向外：首先确定核心业务的概念结构，然后依次从中心逐步扩充到其他对象。

现实生活中的许多事物，是作为实体还是属性并没有明确的界定，这需要根据具体情况而定，一般应遵循以下2条准则。

a属性：不可再分，即属性不再有需要描述的性质，不能有属性的属性；

b属性：不能与其他实体发生联系，联系是实体与实体间的联系。

（3）视图集成

视图集成是将所有的局部视图统一合并成一个完整的数据模式。在进行视图集成时，最重要的工作是解决局部设计中的冲突。在集成过程中由于每个局部图在设计时的不一致性因而会产生矛盾，引起冲突，常见的冲突主要有以下4种。

- 命名冲突：相同意义的属性，在不同的分E-R图上有不同的命名，或者名称相同的属性在不同的分E-R图中代表着不同的意义。
- 概念冲突：同一概念在一处为实体而在另一处为属性或者联系。
- 域冲突：相同的属性在不同的视图中有不同的域，如学号在某视图中的域为字符串而在另一个视图中为整数。
- 约束冲突：不同的视图可能有不同的约束。

视图经过合并生成的是初步E-R图，其中可能存在冗余的数据和冗余的实体间联系。冗余数据和冗余联系容易破坏数据库的完整性，给数据库维护增加困难。因此，对于视图集成后所形成的整体的数据库概念结构还必须进一步验证，确保它能够满足下列条件。

- 整体概念结构内部必须具有一致性，即不能存在互相矛盾的表达。
- 整体概念结构能准确地反映原来的每个视图结构，包括属性、实体及实体间联系。
- 整体概念结构能满足需求分析阶段所确定的所有要求。
- 整体概念结构最终还应该提交给用户，征求用户和有关人员的意见，进行评审、修改和优化，然后把它确定下来，使之作为数据库的概念结构，作为进一步设计数据库的依据。

4.4.4 逻辑设计

1. 从E-R图向关系模式转换

采用E-R方法得到的全局概念模型是对信息世界的描述，并不适用于计算机处理，为了适合关系数据库系统的处理，必须将E-R图转换成关系模式。这就是逻辑设计的主内容。E-R图是由实体、属性和联系组成，而关系模式中只有一种元素——关系。通常转换的方法如表4-9所示。

表4-9 E-R模型和关系模式的对照表

E-R模型	关系模型	E-R模型	关系模型
实体	元组	属性	属性
实体集	关系	联系	关系

关系模式中的命名可以用E-R图原有名称，也可另行命名，但是应尽量避免重名，关系数据库管理系统一般只支持有限种数据类型而E-R中的属性域则不受此限制，如出现关系数据库管理系统不支持的数据类型时就需要进行类型转换。

E-R图中允许出现非原子属性，但在关系模式中一般不允许出现非原子属性，非原子属性主要有集合型和元组型。如出现此种情况可以进行转换，其转换方法是集合属性纵向展开而元组属性横向展开。

2. 关系视图设计

关系视图设计又称外模式设计，也就是用户子模式设计。关系视图是建立在关系模式基础上的直接面向用户的视图（View），目前关系数据库管理系统一般都提供了视图的功能。

关系视图具有以下几个优点。

① 提供数据逻辑独立性。逻辑模式发生变化时，只需改动关系视图的定义即可，无需修改应用程序，因此，关系视图保证了数据逻辑独立性。

② 能适应用户对数据的不同需求。关系视图可以屏蔽掉用户不需要的数据，而将用户所关心的部分数据呈现出来。

③ 有一定数据保密功能。关系视图为每个用户划定了访问数据的范围，从而在应用的各用户间起了一定的保密隔离作用。

3. 逻辑模式规范化

在逻辑设计中还需对关系做规范化验证，规范化设计的主要步骤为：

- 确定数据依赖；
- 用关系来表示E-R图中每一个实体，每个实体对应一个关系模式；
- 对于实体之间的那些数据依赖进行极小化处理；
- 对于需要进行分解的关系模式可以采用一定的算法进行分解，对产生的各种模式进行评价，选出较合适的模式。

此外，还需对逻辑模式做适应RDBMS限制条件的修改：

- 调整性能以减少连接运算；
- 调整关系大小，使每个关系数量保持在合理水平，从而可以提高存取效率；
- 尽量使用快照（Snapshot）。

4.4.5 物理设计

数据库在物理设备上的存储结构与存取方法称为数据库的物理结构，它依赖于给定的计算机系统。为一个给定的逻辑模型选取一个最适合应用要求的物理结构的过程，就是数据库的物理设计。数据库物理设计的主要目标是对数据内部物理结构作调整并选择合理的存取路径，以提高数据库访问速度及有效利用存储空间。一般RDBMS中留给用户参与物理设计的内容大致有索引设计、集簇设计和分区设计。

4.4.6 数据库管理

所谓数据库管理（Database Administration），就是数据库中的共享资源进行维护和管理。数据库管理员（Database Administrator，简称DBA）的主要职责是实施数据库管理。

具体来说，数据库管理的内容包括6个方面。

(1) 数据库的建立

数据库的建立包括数据模式的建立和数据加载。DBA利用RDBMS中的DDL语言申请空间资源，定义数据库名，定义表及其属性，定义视图，定义主关键字、索引、完整性约束等。在数据模式定义后，DBA编制加载程序将外界数据加载至数据模式内，完成数据库的建立。

(2) 数据库的调整

在数据库的调整方面，DBA需要执行的操作有：

- 调整关系模式与视图使之更能适应用户的需求；
- 调整索引与集簇使数据库性能和效率更好；
- 调整分区、数据库缓冲区大小以及并发度使数据库物理性能更好。

(3) 数据库的重组

对数据库进行重新整理，重新调整存储空间的工作称为数据库重组。实际中，一般是先做数据卸载，然后重新加载来达到数据重组的目的。

(4) 数据库安全性与完整性控制

数据库安全性控制需由DBA采取措施予以保证，数据不能受到非法盗用和破坏。数据库的完整性控制可以保证数据的正确性，使录入库内的数据均能保持正确。

(5) 数据库的故障恢复

如果数据库中的数据遭受破坏，RDBMS应该提供故障恢复功能，一般由DBA执行。

(6) 数据库监控

DBA必须严密观察数据库的动态变化，数据库监控是进行数据库管理的基础，使得DBA在出现特殊情况如发生错误和故障时能及时采取相应的措施。同时，DBA还需监视数据库的性能变化，在必要时对数据库作调整。

课后总复习

一、选择题

1. 数据库系统的核心是（ ）。

A）数据模型 B）数据库管理系统 C）软件工具 D）数据库

2. 下列叙述中正确的是（ ）。

A）数据库系统是一个独立的系统，不需要操作系统的支持

B）数据库设计是指设计数据库管理系统

C）数据库技术的根本目标是解决数据共享的问题

D）数据库系统中，数据的物理结构必须与逻辑结构一致

3. 下列模式中，能够给出数据库物理存储与物理存取方法的是（ ）。

A）内模式 B）外模式 C）概念模式 D）逻辑模式

4. 在数据库的两级映射中，从概念模式到内模式的映射一般由（ ）实现。

A）数据库系统 B）数据库管理系统 C）数据库管理员 D）数据库操作系统

5. 支持数据库各种操作的软件系统叫做（ ）。

A）数据库管理系统 B）文件系统 C）数据库系统 D）操作系统

6. 数据独立性是数据库技术的重要特点之一，所谓数据独立性是指（ ）。

A）数据与程序独立存放 B）不同的数据被存放在不同的文件中

C）不同的数据只能被对应的应用程序所使用 D）以上三种说法都不对

7. 数据库设计的根本目标是要解决（ ）。

A）数据共享问题 B）数据安全问题 C）大量数据存储问题 D）简化数据维护

8. 数据库(DB)、数据库系统(DBS)、数据库管理系统(DBMS)之间的关系是（ ）。

A）DB包含DBS和DBMS B）DBMS包含DB和DBS

C）DBS包含DB和DBMS D）没有任何关系

9. 在关系数据库模型中，通常可以把（ ）称为属性，其值称为属性值。

A）记录 B）基本表 C）模式 D）字段

10. 用树形结构来表示实体之间联系的模型称为（ ）。

A）关系模型 B）层次模型 C）网状模型 D）数据模型

11. 在E-R图中，用来表示实体的图形是（ ）。

A）矩形 B）椭圆形 C）菱形 D）三角形

12. “商品”与“顾客”两个实体集之间的联系一般是（ ）。

A）一对一 B）一对多 C）多对一 D）多对多

13. 设有如下关系表：

R

A	B	C
1	1	2
2	2	3

S

A	B	C
3	1	3

T

A	B	C
1	1	2
2	2	3
3	1	3

则下列操作中正确的是（ ）。

A）$T=R\cap S$　　B）$T=R\cup S$　　C）$T=R\times S$　　D）$T=R/S$

二、填空题

1. 数据库系统在其内部分为三级模式，即概念模式、内模式和外模式。其中__________给出了数据库中物理存储结构与物理存取方法。
2. 数据管理技术发展过程经过人工管理、文件系统和数据库系统三个阶段，其中数据独立性最高的阶段是________。
3. 数据独立性分为逻辑独立性与物理独立性。当数据的存储结构改变时，其逻辑结构可以不变，因此，基于逻辑结构的应用程序不必修改，称为__________。
4. 如果一个工人可管理多个设备，而一个设备只被一个工人管理，则实体“工人”与实体“设备”之间存在________的关系。
5. 关系模型的完整性规则是对关系的某种约束条件，包括实体完整性、________和自定义完整性。
6. 在关系数据库中，把数据表示成二维表，每一个二维表称为__________。
7. 关系数据库管理系统能实现的专门关系运算包括选择、连接和__________。

学习效果自评

本章介绍了与数据库系统相关的一些概念，计算机管理数据的发展阶段和关系数据库的设计过程。重点讲解了关系数据库的特点和几种关系运算，这些都是以后进一步学习的基础，对于书中的大部分概念只要做到理解就可以了，一些重点的概念会在以后的章节中进行详细的讲解。

掌握内容	重要程度	掌握要求	自评结果
数据库、数据库管理系统、数据库系统	★★	熟记数据、数据库的概念、数据库管理系统的六个功能、DBA的工作	□不懂 □一般 □没问题
	★	理解数据库、数据库系统、数据库管理系统之间的关系	□不懂 □一般 □没问题
数据库技术的发展	★★	熟记数据管理技术发展经历了三个阶段以及各阶段之间的异同点	□不懂 □一般 □没问题
数据库系统的基本特点	★★	熟熟记数据库系统的4个基本特点，特别是数据独立性	□不懂 □一般 □没问题
数据库系统体系结构	★★★	熟记数据库系统的三级模式及两级映射	□不懂 □一般 □没问题
数据模型	★	熟记数据模型的概念、数据模型的三要素及类型、层次模型	□不懂 □一般 □没问题
E-R模型	★★★★	熟记E-R模型的基本概念、联系的类型	□不懂 □一般 □没问题
		理解E-R模型三个概念之间的联接关系、E-R图	□不懂 □一般 □没问题
关系模型	★★★	理解关系模型中常用的术语及完整性约束	□不懂 □一般 □没问题
关系代数的基本运算	★★	掌握投影、选择与迪卡尔积运算	□不懂 □一般 □没问题
关系代数的扩充运算	★★	掌握交、连接与除运算	□不懂 □一般 □没问题
数据库设计	★★	熟记数据库设计的方法及步骤、数据库管理的6个方面内容	□不懂 □一般 □没问题
	★	理解概念设计及逻辑设计	□不懂 □一般 □没问题

NCRE 网络课堂 http://www.eduexam.cn/netschool/pub.html

教程网络课堂——数据库设计基础

教程网络课堂——数据模型

教程网络课堂——关系代数

附　　录

附录A　全国计算机等级考试二级公共基础知识考试大纲

一、基本要求

(1) 掌握算法的基本概念。
(2) 掌握基本数据结构及其操作。
(3) 掌握基本排序和查找算法。
(4) 掌握逐步求精的结构化程序设计方法。
(5) 掌握软件工程的基本方法，具有初步应用相关技术进行软件开发的能力。
(6) 掌握数据库的基本知识，了解关系数据库的设计。

二、考试内容

1. 基本数据结构与算法

(1) 算法的基本概念：算法复杂度的概念和意义（时间复杂度与空间复杂度）。
(2) 数据结构的定义：数据的逻辑结构与存储结构、数据结构的图形表示、线性结构与非线性结构的概念。
(3) 线性表的定义：线性表的顺序存储结构及其插入与删除运算。
(4) 栈和队列的定义：栈和队列的顺序存储结构及其基本运算。
(5) 线性单链表、双向链表与循环链表的结构及其基本运算。
(6) 树的基本概念：二叉树的定义及其存储结构；二叉树的前序、中序和后序遍历。
(7) 顺序查找与二分法查找算法：基本排序算法（交换类排序、选择类排序、插入类排序）。

2. 程序设计基础

(1) 程序设计方法与风格。
(2) 结构化程序设计。
(3) 面向对象的程序设计方法，对象，方法，属性及继承与多态性。

3. 软件工程基础

(1) 软件工程基本概念、软件生命周期概念、软件工具与软件开发环境。
(2) 结构化分析方法、数据流图、数据字典、软件需求规格说明书。
(3) 结构化设计方法，总体设计与详细设计。
(4) 软件测试的方法，白盒测试与黑盒测试，测试用例设计，软件测试的实施，单元测试、集成测试和系统测试。

(5) 程序的调试，静态调试与动态调试。

4. 数据库设计基础

(1) 数据库的基本概念：数据库、数据库管理系统、数据库系统。

(2) 数据模型：实体联系模型及E-R图，从E-R图导出关系数据模型。

(3) 关系代数运算：包括集合运算及选择、投影、连接运算，数据库规范化理论。

(4) 数据库设计方法和步骤：需求分析、概念设计、逻辑设计和物理设计的相关策略。

三、考试方式

(1) 公共基础知识的考试方式为笔试，与C语言程序设计（C++语言程序设计、Java语言程序设计、Visual Basic语言程序设计、Visual FoxPro数据库程序设计、Access数据库程序设计或Delphi语言程序设计）的笔试部分合为一张试卷。公共基础知识部分占全卷的30分。

(2) 公共基础知识有10道选择题和5道填空题。

附录B　参 考 答 案

第1章

一、选择题									
1	C)	2	C)	3	C)	4	D)	5	D)
6	A)	7	D)	8	B)	9	C)	10	B)
11	A)	12	A)	13	C)	14	B)	15	D)
16	C)	17	A)	18	C)	19	D)		

二、填空题			
1	时间	2	空间复杂度
3	算法	4	存储结构 或 物理结构 或 物理存储结构
5	非线性结构	6	存储结构
7	19	8	32
9	45		

第2章

一、选择题									
1	C)	2	A)	3	D)	4	D)	5	D)
6	A)	7	C)						

二、填空题			
1	对象	2	类
3	重复	4	继承

第3章

一、选择题									
1	D)	2	D)	3	C)	4	A)	5	B)
6	C)	7	B)	8	D)	9	C)	10	C)

11	D)	12	B)	13	C)	14	D)	
二、填空题								
1	黑盒	2	驱动模块					
3	静态分析（静态测试）	4	调试					
5	数据	6	软件工程管理					

第4章

一、选择题									
1	B)	2	C)	3	A)	4	B)	5	A)
6	D)	7	A)	8	C)	9	D)	10	B)
11	A)	12	D)	13	B)				
二、填空题									
1	内模式	2	数据库系统						
3	物理独立性	4	一对多						
5	参照完整性	6	关系 或 关系表						
7	投影